职业院校安全素质教育指南

刘新江　黄仕利　何陶华　主编

人民交通出版社股份有限公司
China Communications Press Co.,Ltd.

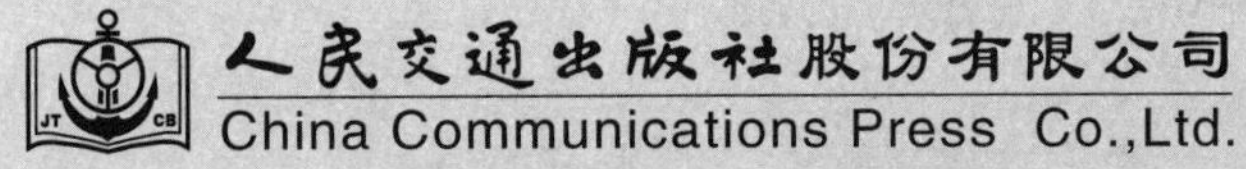

内 容 提 要

本书以实用为主，主要围绕校园学习、实习实训、工作实践等活动中的工作场所，对潜存的不安全环境、不安全设备及不安全动作等因素进行分析，目标是培养学生良好的工业安全与卫生习惯，并具备预防及处理工业伤害的知识与技能，做到安全无灾害。

本书主要内容包括校园安全与卫生、机电设备安全与防护、汽车行业安全与防护、其他工种作业安全与防护、环境安全与卫生、就业安全与防护等，涵盖了我国工业安全与卫生的主要工种。同时，附录中的“我国工业安全法律法规，单位用工、职工就业法律法规，个人防护用具”等也可供读者学习参考。

本书可作为职业院校各相关专业安全教育的教学用书，也可作为相关行业企事业单位的安全培训教材。

图书在版编目（CIP）数据

职业院校安全素质教育指南 / 刘新江, 黄仕利, 何陶华主编. -- 北京 : 人民交通出版社股份有限公司, 2015.8

ISBN 978-7-114-12405-1

Ⅰ. ①职… Ⅱ. ①刘… ②黄… ③何… Ⅲ. ①安全教育—高等职业教育—指南 Ⅳ. ①X925-62

中国版本图书馆CIP数据核字(2015)第171869号

Zhiye Yuanxiao Anquan Suzhi Jiaoyu Zhinan

书　　名：职业院校安全素质教育指南
著 作 者：刘新江　黄仕利　何陶华
责任编辑：刘　博　董　倩
出版发行：人民交通出版社股份有限公司
地　　址：（100011）北京市朝阳区安定门外外馆斜街 3 号
网　　址：http://www.ccpress.com.cn
销售电话：（010）59757973
总 经 销：人民交通出版社股份有限公司发行部
经　　销：各地新华书店
印　　刷：北京市密东印刷有限公司
开　　本：787×1092　1/16
印　　张：13.75
字　　数：230 千
版　　次：2015 年 8 月　第 1 版
印　　次：2015 年 8 月　第 1 次印刷
书　　号：ISBN 978-7-114-12405-1
定　　价：39.00 元
（有印刷、装订质量问题的图书由本公司负责调换）

2014 年 12 月 1 日，新版《中华人民共和国安全生产法》正式实施。新版《中华人民共和国安全生产法》规定，未经安全生产教育和培训合格的从业人员，不得上岗作业；学校应当协助生产经营单位对实习学生进行安全生产教育和培训。

安全生产是工业生产活动中的重中之重。长期以来，我国对工业生产安全及卫生的普及教育不够。为了满足学校教学、企业安全生产的需求，实现课程教材内容与职业岗位、教学过程与生产过程的深度对接，我们结合工业生产的实际情况，坚持“必需、实用、方便”的原则，编写了《职业院校安全素质教育指南》，以满足一线技能型人才的培养需要。

为了更好地贯彻国家的安全法律法规，我们通过深入企业调研，明确课程建设目标和任务，根据技术的发展现状和职业岗位的实际工作任务所需要的知识、能力、素质要求，制定本课程的课程标准，选取教学内容，培养学生和从业人员良好的职业安全、卫生素养，同时本书还具有以下特色。

1. 注重项目教学，旨在解决实际问题

通过建立“项目—任务—活动”三级教学结构，每个任务按照“伤害原因分析—伤害预防—伤害处理”等过程，探索并解决实际问题，让学生进行充分的思考，提高学生安全卫生素养。

2. 从具体操作能力培养入手，注重急救处理能力培养

以教育学生预防伤害为主，通过重点案例强化学习效果，让学生更深刻地认识安全与卫生的重要性；介绍各项目时，通过触电急救、外伤急救、烫伤急救、中毒急救、骨折急救、窒息急救、溺水急救、心脏急救等问题处理，提升学生处理紧急问题的能力。

3. 内容生动，实践性强，以图代文，通俗易懂

教材版式设计美观活泼，力求图文并茂，图形绘制和标注规范，缩比恰当，摒弃了以往教材文字叙述过多的弊端，以大量工作彩图、漫画和工具表格代替文字，生动形象。同时，在正文中设置“小贴士”等旁注，引导学生进行学习、思考，加深学生对所学内容的理解，使学习过程更加生动。

4. 实训突出岗位技能，实时性强

编写过程中参考了当今最新的企业标准和行业标准，突出岗位技能、实训和评价反馈，具体、直观、实用，可操作性强，内容新颖，体现了先进性、通用性、实用性。

5. 配套立体化教学资源，创建实践技能培养的教学环境

为了方便教学，本教材将配套助教型的教学课件、电子教案，最大限度地满足教师和学生的需求。这种立体化教学资源，同时也适应个性化的学习需求，有利于学生自主学习，突出学生学习的主动性和有效性，最终形成学习资源库。

本书由刘新江、黄仕利、何陶华主编，参加编写工作的还有四川望锦机械有限公司李平等，全华图书股份有限公司为本书的编写提供了大量的图片资料。

本书在编写过程中参考了大量的文献资料，在此向文献资料的作者致以诚挚的谢意。

由于编写时间及编者水平有限，书中难免有错误和不妥之处，恳请广大读者批评指正。

编者

2015 年 6 月

目录

项目一

校园安全与卫生

任务一 校园安全与卫生......2

活动一 校园安全与卫生问题分析......2
活动二 校园安全与卫生问题的检查与事故的处理......4

任务二 实训室安全与卫生......11

活动一 实训室安全与卫生问题分析......11
活动二 实训室安全与卫生事故的防范与处理......13
活动三 实训室7S管理......16

任务三 典型案例分析......21

案例一 教育教学活动安全......21
案例二 交通安全——某县中学学生被撞案......22
案例三 教学设施设备安全——某中学坍塌事故......22
案例四 饮食卫生安全——某中学中毒案......23
案例五 实训室安全——实验课致使学生受伤案......23
案例六 校园暴力......24

项目小结......25

技能训练......27

项目评测......30

项目二

机电设备安全与防护

任务一 机械设备安全与防护......34

活动一 机械设备伤害的原因分析......34
活动二 机械设备伤害的防护......38
活动三 机械设备伤害的急救......43

任务二　电气设备安全与防护 45
活动一　电气设备伤害的原因分析 45
活动二　电气设备伤害的防护 50
活动三　电气设备伤害的急救 53
任务三　典型案例分析 55
案例一　拉丝工机械事故 55
案例二　某建筑公司敲帮问顶事故 57
案例三　非电工私自接线，电源箱漏电人亡 58
项目小结 58
技能训练 59
项目评测 60

项目三

汽车行业安全与防护

任务一　汽车总装安全与防护 64
活动一　汽车总装安全分析 64
活动二　汽车总装安全防护 65
任务二　汽车维修安全与防护 69
活动一　汽车维修安全分析 69
活动二　汽车维修安全防护 71
任务三　汽车美容安全防护 81
活动一　汽车美容作业中的安全隐患 81
活动二　汽车美容安全事故预防 82
任务四　典型案例分析 83
案例一　在喷漆房内施焊引起火灾 83
案例二　高压水枪漏电触电事故 84
案例三　起动车辆夹伤事故 85
案例四　工具使用不当引起事故 86
案例五　误挂挡引起车辆行驶事故 86
项目小结 87
技能训练 88
项目评测 89

项目四

其他工种作业安全与防护

任务一 危险化学品类安全与防护……92

活动一 危险化学品安全隐患分析……92

活动二 危险化学品职业危害防护……99

活动三 危险化学品安全急救……102

任务二 物流类工作安全与防护……106

活动一 物流类工作安全隐患分析……106

活动二 搬运事故的预防……113

任务三 特种设备安全与防护……116

活动一 特种设备安全隐患分析……116

活动二 特种设备事故防护……125

活动三 电梯故障急救……128

任务四 典型案例分析……130

案例一 雷击引起反应釜起火事故……130

案例二 静电引起危险品火灾事故……130

案例三 锅炉爆管事故……131

项目小结……132

技能训练……134

项目评测……135

项目五

环境安全与卫生

任务一 消防安全与卫生……138

活动一 火灾原因分析……138

活动二 常见消防器材的使用与规范……140

活动三 发生火灾的应急措施……143

任务二 空气污染防治……146

活动一 空气污染来源分析……146

活动二 空气污染原因分析……147

活动三 空气污染的防治……149

任务三 饮水安全与卫生……151

活动一 水污染原因分析……151

活动二 水污染的防治……152

活动三 饮用水品质安全常识……152

任务四　噪声污染与防治……154
活动一　噪声来源分析……154
活动二　噪声的危害……155
活动三　噪声的防治……156
任务五　典型案例分析……159
案例一　无证违章操作酿特大火灾……159
案例二　无形杀手——空气污染……159
案例三　东川小江变“牛奶河”……161
案例四　无形的暴力——噪声污染……162
项目小结……162
技能训练……164
项目评测……165

项目六

就业安全与防护

任务一　就业安全与防护……168
活动一　就业环境中的安全分析……168
活动二　就业环境中的安全防范……171
任务二　社会保障安全与防范……176
活动一　社会保障的基本内容识读……176
活动二　社会保险的基本知识识读……177
活动三　社会保障相关知识……182
任务三　典型案例分析……183
案例一　就业协议有约束，签订协议须谨慎……183
案例二　“实习结束拒签合同”导致追索违约金的风险……184
案例三　用人单位不得逃避社会保险法定义务……185
案例四　交通事故私了不能享受工伤保险待遇……186
项目小结……187
技能训练……188
项目评测……188

附录A　某校园突发事件处理程序及办法……191
附录B　我国工业安全法律法规……195
附录C　单位用工、职工就业法律法规……199
附录D　个人防护用具……204
参考文献……212

项目一

校园安全与卫生

知识目标

完成本项目学习后，你应：

（1）会叙述校园安全与卫生的意义。

（2）知道校园安全与卫生种类及检查方法。

（3）知道实验、实训室安全与卫生种类。

（4）知道校园突发事件种类及一般处理方法。

技能目标

完成本项目学习后，你应能：

（1）正确处理食物中毒、火灾、盗窃、运动损伤和校园滋扰等事件。

（2）对实验、实训室安全与卫生进行检查，掌握实验、实训室安全与卫生事故处理办法。

（3）掌握校园突发事件处理的一般程序。

任务一　校园安全与卫生

【资料】据统计，2012年上半年，上海市共发生中小学生伤亡事故1377起，其中非正常死亡21人，包括猝死和窒息死亡、自杀、溺水身亡、交通事故死亡、不慎坠亡等。相关学校在处理事故时绝大多数都遇到困难。

校园安全与卫生问题已成为社会各界关注的热点问题。保护好每一个孩子，将发生在他们身上的意外事故减少到最低，已成为中学教育特别是职业教育和管理的重要内容。

活动一　校园安全与卫生问题分析

1. 校园安全与卫生的概况

据世界卫生组织发布的报告，在世界大多数国家中，意外伤害是儿童青少年致伤、致残的最主要原因。在我国，学龄儿童的意外伤害多数发生在学校和上学的途中；而在不同年龄段的青少年中，又以15～19岁发生意外伤害的死亡率最高。

意外伤害不仅造成了大量儿童的永久性残疾和早亡，消耗巨大的医疗费用，而且削弱了国民生产力。不仅给孩子及家庭带来痛苦和不幸，而且给社会、政府及学校造成巨大的负担和损失。

2. 校园常见安全与卫生事故类型

【案例】2006年在四川省某镇小学，晚自习下课后，学生刚走出教室，灯突然熄灭了，楼道一片漆黑。有学生怪叫“鬼来了”，引起大家恐慌，同学们争相往楼下奔跑，部分被挤倒的学生，被后面涌上来的学生踩踏，伤亡。事故造成10名学生死亡，27名学生受伤。

（1）不当活动事故（图1-1a）：学生在课余时间相互追逐、戏耍、打闹时不掌握分寸和方式方法，使用笔、石子、小刀、玩具等器械造成的伤害。

（2）挤压、踩踏事故（图1-1b）：放学和下课时，在楼道、门口等黑暗和狭窄的地方，互相争先而造成的挤压、踩踏等事故。

a) 课余时间相互追逐、戏耍

b) 楼道挤压、踩踏

图1-1　不当活动事故

（3）交通事故（图 1–2）：不走人行道、随意横穿道路、强行争道、高速骑车等造成的交通事故。乘坐货车或超载车辆而造成车翻人伤（亡）的事故。

图 1-2 交通事故

（4）体育活动事故（图 1–3）：体育活动时或体育课上，不遵守纪律或注意力不集中，活动随意，体育器械使用不符合要领而造成的伤害。

（5）劳动或社会实践事故：在劳动或社会实践中安全意识差，操作不熟练或不按要求操作而造成的伤害。

（6）校园暴力事故：学校安全保卫制度不健全，防范措施不得力，学生受到校外不法之徒的侵害。“哥们义气”拉帮结伙，为小摩擦使用武力。

（7）消防事故（图 1–4）：学生取暖、用电不当而造成火灾、触电等事故。一是侥幸心理严重，导致老化的供电线路和设施仍在凑合着使用，消防器材不足，楼房过道设计不符合消防规定等。二是消防知识缺乏，大多数师生不会使用灭火器，发生火情更不知如何处理。三是管理措施松懈，如学生随便使用电器、煤气、蜡烛等易燃易爆物品。

图 1-3 体育活动事故

图 1-4 校园消防事故

（8）学生身体原因引起的特殊事故：因学生患特殊疾病、特殊身体素质、异常心理状态，受到意外冲击而造成的伤害。

【案例】2006 年，某县职技学校学生李某（男、17 岁）和其弟弟（男、15 岁），无证骑乘一辆二轮摩托车，行至城镇李会腰路段时，与一辆大货车相撞，造成二人当场死亡的重大交通事故。

【案例】1997 年某日凌晨，云南省某中心学校的学生侯某，在床上蚊帐内点蜡烛看书，打瞌睡时不慎碰倒蜡烛，点燃蚊帐和衣物引起火灾，致烧死学生 21 人，伤 2 人，烧毁宿舍 24m^2，直接经济损失 1.5 万元。

【案例】2008年，某技工学校发生一起食物中毒事件，经调查，中毒学生均食用过学校食堂加工销售的凉拌皮蛋，导致细菌性食物中毒。共有25名学生发病，中毒学生经医院及时救治痊愈，无死亡。

（9）自然灾害事故（图1-5）：学生自救自护能力差，遇到暴风雨、地震、洪水等自然灾害，无法有效防卫造成的伤害。

图1-5 雅安地震中受损学校

（10）卫生事故（图1-6）：学校对卫生管理重视不够，工作机制不健全，工作措施不落实，特别是农村学校食堂，存在基础设施条件落后，卫生设施差等问题，已成为学校突发公共卫生安全事件的隐患。

图1-6 某民办学校学生食物中毒事件

活动二 校园安全与卫生问题的检查与事故的处理

1. 校园安全与卫生问题的检查方法

（1）校舍安全卫生检查：每天放学后，必须有专人对所分管的教室、办公室、各专用教室进行检查，检查项目包括电器设备是否断电，用水设备是否关好，门窗是否锁好。每周对校内安全防护设施检查一次，检查项目包括护栏、照明设备、警示标志、楼梯等公共设施是否符合安全要求。每周对学校卫生情况进行检查，教室、厕所、学生宿舍、办公室等重要公共场所是检查重点。

（2）饮食安全卫生检查：学校定期对食堂、小卖部等校内饮食点进行卫生检查，不定期对食堂工作人员落实卫生制度情况进行突击检查，严禁变质、腐烂、有毒等食品进校园餐桌，严防病从口入。此外，还要加强与城管、工商、卫生执法部门协调合作，严格查处出售不符合卫生标准的食品的行为，取缔不符合卫生规范、无照经营的流动饮食摊贩，杜绝不法兜售行为。在学生出入校区高峰期，学校还要加大安全巡查力度，从源头上肃清校园周边食品安全隐患。

（3）交通安全检查：学校用车辆一定要符合安全标准，严禁学生乘坐“三无”车辆，定期对校区交通标识设施、学生乘车情况、校区行车制度的落实情况进行排查、摸底，加强与交通执法部门合作评估，定期对校区周边交通安全进行风险评估。

（4）消防安全检查：学校要定期对消防设施进行检查，每两周检查一次。

（5）体育设施安全检查：每周至少对体育设施检查一次，主要检查体育活动所用器材设备是否符合安全标准。

（6）卫生防疫检查：定期配合防疫部门，给学生服用预防药、打预防针，做好常见病、多发病、传染病预防工作。遇重大传染疫情时期，还应加强专门疫情管控检查。

2. 校园安全与卫生事故处理

1）食物中毒的一般处理程序与救治方法

（1）食物中毒一般处理程序（图 1-7）。

1. 停：立即停止食用疑似有毒食物。

2. 早：马上拨打急救电话，争取急救时间，尽快将病人送往医院诊治。

3. 保：保护现场，保留食物、呕吐和排泄物。

4. 配合：医务人员要对病人呕吐物、尿液、粪便甚至血液进行化验，这样既利于尽早做诊断，又可以给维权索赔提供证据。病人家属要积极配合调查员回忆、叙述完整事情经过，并提供可疑食物供化验。

5. 消毒：根据食物卫生部门的指导，对场所进行相应消毒处理。

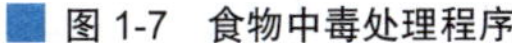
图 1-7　食物中毒处理程序

小贴士　在日常学生食物卫生管理与食物中毒事件中，还要注意两个方面：一是排除人为因素。从饮食角度上讲，细菌、毒素、自然毒素以及不良饮食习惯，都可能发生食物中毒或急性胃肠炎；在学校食堂卫生管理上，要严格按照卫生防疫部门的要求执行，禁止可能造成疾病的食物菜品、制作加工工艺；供餐时食堂内的食物器具、免费菜汤必须有专人看管，防止意外中毒事件发生与事故隐患。二是密切注意学生利用或假报食物中毒、胃肠疾病逃课或做他事的情形。

小贴士 对于学生食物中毒事故，除采取及时、有效的救治措施外，如果学生经抢救医治痊愈，将产生有关交通费、家长误工损失、医药费、护理费、营养费、住院伙食补助费等赔偿支付的处理工作。如果有致残或死亡的，还有伤残评定、伤残赔偿金、丧葬事项、死亡赔偿金以及精神抚慰金等赔偿支付的善后处理工作。

（2）食物中毒救治方法。

食物中毒时千万不要恐慌自乱阵脚，要尽快采取应急措施排除毒物，阻滞未排毒物吸收，促进毒物尽快排泄，如图1-8所示，等候医生救护。

图 1-8 食物中毒救治方法

2）火灾的处理与应对

（1）火灾的处理方法。

遇到火灾，首先应及时拨打“119”报警，同时我们也应掌握一些简便易行的扑救方法，如图1-9所示。

图 1-9 火灾扑救方法

（2）火灾的正确脱险方法。

遭遇火灾，应采取正确有效的方法自救逃生，减少人身伤亡损失，如图 1–10 所示。

1. 一旦身受火灾危胁，千万不要惊慌失措，要冷静地确定自己所处位置，根据周围的烟、火光、温度等分析判断火势，不要盲目采取行动。

2. 身处平房的，如果门的周围火势不大，应迅速离开火场。反之，则必须另行选择出口脱身（如从窗口跳出），或者采取保护措施（如用水淋湿衣服、用浸湿的棉被包住头部和上身等）后迅速离开火场。

3. 身处楼房的，发现火情不要盲目打开门窗，否则有可能引火入室。

4. 身处楼房的，不要盲目乱跑，更不要跳楼逃生，这样会造成不应有的伤亡。可以躲到居室里或者阳台上，紧闭门窗，隔断火路，等待救援。有条件的，可以不断向门窗上浇水降温，以阻止火势蔓延。

5. 在失火的楼房内，逃生不可使用电梯，应通过防火通道走楼梯脱险。因为失火后电梯竖井往往成为烟火通道，并且电梯随时可能发生故障。

6. 因火势太猛，必须从楼房内逃生的，可以从二层处跳下，但要选择不坚硬的地面，同时应从楼上先扔下被褥等增加地面的缓冲，然后再顺窗滑下，要尽量缩小下落高度，做到双脚先落地。

7. 在有把握的情况下，可以将绳索（也可用床单等撕开连接起来）一头系在窗框上，然后顺绳索滑落到地面。

8. 如身上衣物着火，可以迅速脱掉衣物，或者就地滚动，以身体压灭火焰，还可以跳进附近的水池、小河中，将身上的火熄灭，总之要尽量减少身体烧伤面积，减轻烧伤程度。

9. 火灾发生时，常常会产生对人体有毒害的气体，所以要预防烟毒，应该尽量选择上风处停留或用湿的毛巾或口罩保护口、鼻和眼睛，避免有毒有害烟气侵害。

图 1-10 逃生防火通道走楼梯脱险

3）盗窃案件的应对办法

一旦发生盗窃案件，同学们一定要冷静应对，应对方法如图 1–11 所示。

1. 立即报告学校保卫部门或当地派出所，同时封锁和保护现场，不准任何人进入，不得翻动现场的物品。这对公安人员准确分析、判断侦察范围和搜集证据，有十分重要的意义。

2. 发现嫌疑人，首先要注意保护好自己，在安全的情况下组织同学进行堵截。

3. 配合调查，实事求是地回答公安部门和保卫人员提出的问题，积极主动地提供线索，不得隐瞒情况不报。学校保卫部门和公安机关有义务、有责任为提供情况的同学保密。

4. 如果发现存折被窃，应当尽快到银行挂失。

图 1-11 盗窃案件应对方法

4）常见的运动伤害及处理方法

（1）肌肉拉伤。

①第一度（轻度）：只有小部分肌纤维断裂，肌肉少许出血。外表看起来并无异样，

受伤的肌肉在用力或指压患部才会感到疼痛。以休息、冰敷、压迫、抬高来处理（图 1–12）。

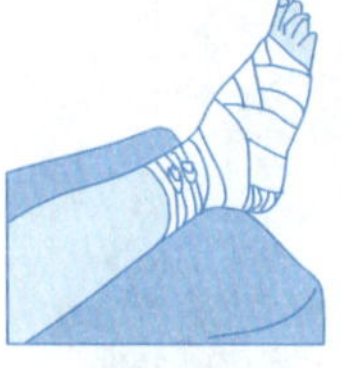

冰敷　加压包扎　抬高伤肢

图 1-12　轻度肌肉拉伤的处理

②第二度（中度）：有相当多的肌纤维断裂，肌肉明显出血。外表肿胀或出血，受伤肌肉的肌力减退，也是以休息、冰敷、压迫、抬高来处理（图 1–13）。

③第三度（重度）：肌纤维全部断裂，常见断裂的部位位于肌肉与肌腱的交接处。断裂的地方会形成凹陷，外观变形，不会很痛，经加压包扎后，马上送医院进行处理。

（2）韧带扭伤。

①第一度（轻度）：只有小部分韧带纤维断裂，受伤的关节紧绷，指压受伤部位才会引起疼痛。经过两周之后，戴上保护关节的弹性套（护膝、护踝、护腕），在不痛的范围内开始轻微运动，逐步恢复（图 1–14）。

图 1-13　上肢肌肉韧带拉伤的处理　　图 1-14　脚部韧带扭伤的处理

②第二度（中度）：有相当多的韧带纤维断裂，关节肿胀，活动度减少。以休息、冰敷、压迫、抬高处理，一个月内不能从事任何运动。

③第三度（重度）：韧带纤维完全断裂。关节严重肿胀，关节失去应有的稳定性，可能有脱臼的现象。以休息、冰敷、压迫、抬高处理，尽快送医院，要手术缝合韧带，半年内不能从事任何运动。

小贴士

休息——让伤者以最舒适的姿势休息。如表面看起来伤势不严重，也可嘱咐伤者让受伤部位休息。

冰敷——用胶袋盛装冰块、冷湿毛巾、冰垫做冷敷，目的是止血、消肿、止痛。伤后最初 24h 适宜冷敷。注意在伤后 48h 再实行热敷，起到活血化瘀的作用。

压迫——用厚的软垫包裹受伤部位，以轻柔及平均压力用绷带卷包扎固定伤肢，协助止血、促进吸收。

抬高——把受伤肢体抬至高于心脏位置，减少肿胀及淤伤。上肢抬高时注意将肘高于腕。

（3）肌肉抽筋：指肌肉突然、不自主的强直收缩的现象，会造成肌肉僵硬、疼痛难忍（图 1–15）。

肌肉抽筋的处理：

①马上停止运动，坐下或躺下来休息。

②缓慢、持续的拉长抽筋的肌肉，到达应有的活动角度。

③按摩抽筋的肌肉，使强直收缩的肌肉能够松开（图 1–16）。

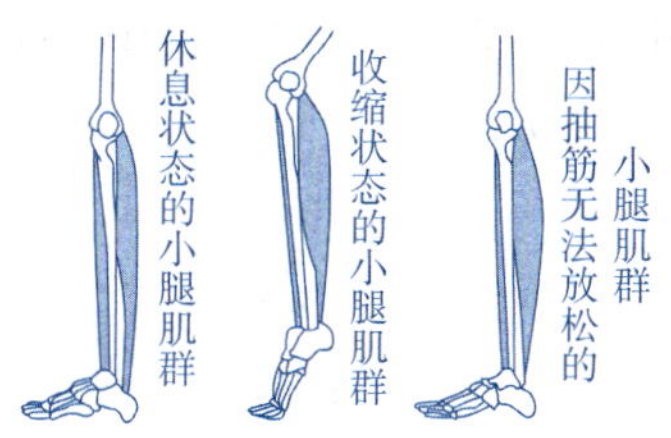

图 1-15　抽筋的小腿肌群

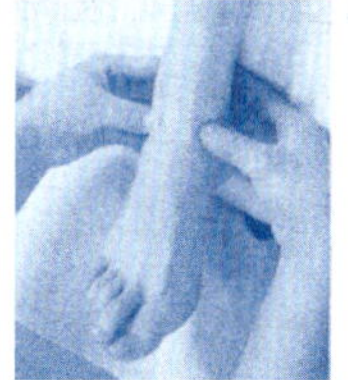
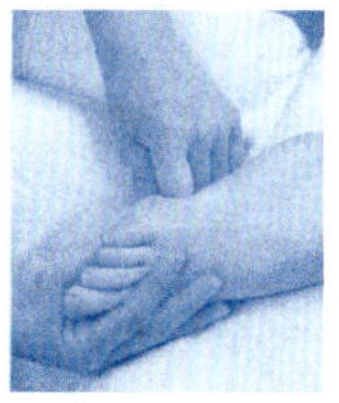

图 1-16　足部肌肉抽筋的处理

④不可用力揉捏抽筋的肌肉，以免造成肌肉纤维的断裂。

（4）挫伤：外力撞击所引起的组织伤害。以休息、冰敷、压迫、抬高处理，并加上药物及物理治疗（图 1–17）。

（5）血肿：组织内部受伤，聚积血液而成囊肿。以休息、冰敷、压迫、抬高处理，并以放血方式将血水抽出。

（6）脱臼：外力使关节面之间失去正常的连接关系（图 1–18）。脱臼可分为急性脱臼与慢性脱臼，急性脱臼必伴有韧带断裂；慢性脱臼则可能是韧带曾有裂伤或被牵扯松弛而引起的。脱臼的处理是立刻用夹板及绷带固定，再送医院治疗复位及补修。不要硬拉复位，以免造成其他伤害。

（7）骨折：由于外力对骨骼的撞击，致使骨骼断裂。可分为闭合性骨折与开放性骨折。

闭合性骨折的皮肤是完整的；开放性骨折的皮肤则为破裂，骨折端与外界相通，容易发生感染。处理骨折应使用夹板及绷带固定，立刻送医院接受石膏固定或手术固定（图 1–19）。

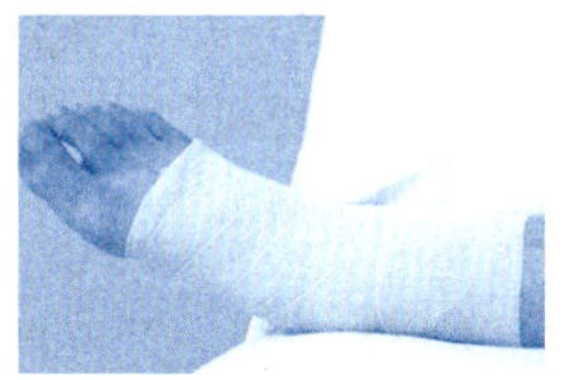

图 1-17　挫伤后的处理

图 1-18　比赛运动中脱臼

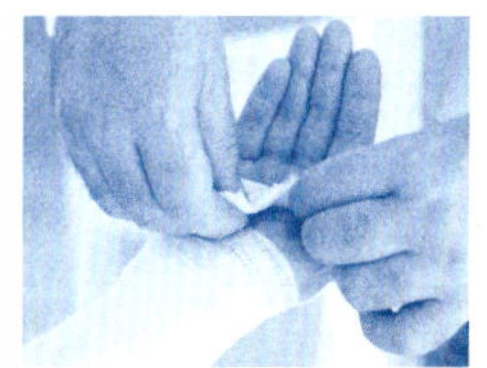

图 1-19　骨折后石膏固定

（8）开放性伤口：对擦伤、裂伤、刺伤、割伤等开放性伤口的处理，轻者用碘酊、

> **小贴士**
>
> 在拨打120急救电话时，如果了解病人的情况，要简单说一下患者既往的病史和现场特殊情况；留下能够与现场联络的电话号码，以便急救人员与现场联络指导自救；如果有旁观者，请他人协助现场抢救。
>
> 重要提示：一定要让120先挂线，保证对方已经完整了解他们所需要的信息。

酒精将伤口周围皮肤消毒，贴上创口贴；重者送医院处理，缝合伤口。

（9）重大运动伤害：当发生重大的运动伤害时，限于医学常识与医疗器材等因素，无法对重伤害患者进行治疗，此时应寻求周围群众的协助，如带患者离开危险现场，或打电话给120急救中心，向医疗院所请求支持，请派救护车到现场，送患者到医院等事宜。当打电话给120急救中心或医疗院所的救护中心时，应告知对方下列事项（图1–20）：

图1-20　拨打120急救电话注意事项

在等待医疗救援到达的这段时间，随时观察患者生命体征的变化状况，并且把所观察的事项记录下来，以便提供给医疗人员参考。

5）滋扰事件的处置方法

滋扰，从广义的角度讲，是指外部人员无视国家法律和社会公德而寻衅滋事、结伙斗殴、扰乱社会秩序等行为。从狭义的角度讲，校园内的滋扰主要是指对校园秩序的破坏扰乱，对中学生无端挑衅、侵犯乃至伤害的行为。一般情况下，在校园内遇有流氓滋事，一方面要敢于出面制止或将流氓分子扭送有关部门，及时向学校保卫部门报案，打“110”电话报警，以便及时抓获犯罪嫌疑人，予以惩办；另一方面，要加强自身的修养，冷静处置，不因小事而招惹是非，积极慎重地同外部滋扰这一丑恶现象作斗争。具体地说，中学生在遇到流氓滋事时，应注意把握以下几点。

（1）提高警惕，做好准备，正确看待，慎重处置。面对违法青少年挑起的流氓滋扰，千万不要惊慌，而要正确对待；要问清缘由、弄清是非，既不畏惧退缩、避而远之；也不随便动手，一味蛮干，而应晓之以理，以礼待人，妥善处置。

（2）充分依靠组织和集体的力量，积极干预和制止外部滋扰行为。如发现流氓滋扰事件，要及时向老师或学校有关部门报告，一旦出现公开侮辱、殴打自己的同学等恶性事件，要敢于挺身而出，积极地加以揭露和制止。要注意团结和发动周围的群众，对滋事者形成压力，迫使其终止滋扰。

（3）注意策略，讲究效果，避免纠缠，防止事态扩大。在许多场合，滋事者显得愚昧而盲目、固执而无赖，有时仅有挑逗性的言语和动作，令人可气可恼而又抓不到有效证据。遇到这种情况，一定要冷静，注意讲究策略和方法，一方面及时报告并协助有关部门进行处理；另一方面采取正面对其劝告的方法，注意避免纠缠，避免事态扩大，不把自己与无赖之徒置于等同地位。

（4）自觉运用法律武器保护他人和保护自己。面对流氓滋扰事件，既要坚持以说理为主，不要轻易动手；同时又要注意留心观察、掌握证据。比如，有哪些人在场，谁先动手，持何凶器，滋事者有哪些重要特征，案件大致的经过是怎样的，现场状况如何，滋事者使用何种器械、有何证件，毁坏的衣物和设施是什么，地面留有什么痕迹等。这些证据，对查处流氓滋事者是很有帮助的。学生除积极防范和制止发生在校园内的滋扰事件外，更应加强自身修养，不断提高自己的综合素质，严格要求自己，决不能染上流氓恶习而使自己站到滋事者的行列中去。

任务二　实训室安全与卫生

实训室是教学科研的重要基地，实训室的安全与卫生管理是实训工作正常进行的基本保证。

活动一　实训室安全与卫生问题分析

在实训室中，常常潜藏着诸如发生爆炸、着火、中毒、灼伤、割伤、触电等事故的危险，了解实训室安全与卫生知识，严格落实实训室安全与卫生制度，做好 7S 管理，学会实训室急救方法是必备的素养。

针对不同专业、不同行业设置的实训室、操作场地，安全与卫生事故的种类主要有以下几种。

（1）烧伤、灼伤事故。烧伤一般指热液、蒸汽、高温气体、火焰、炽热金属液体或固体等引起的组织损害。烧伤包括烫伤和火伤。按其伤势的轻重可以分为三级：一级烧伤，红肿；二级烧伤，皮肤起泡；三级烧伤，组织破坏，皮肤呈现棕色或黑色。烫伤有时呈白色。

灼伤一般指由于热力或化学物质作用于身体，引起局部组织损伤；并通过受损皮肤、黏膜组织导致全身病理生理改变；有些化学物质还可以从被创面吸收，引起全身中毒。

（2）电击伤事故。电击伤是指人体与电源直接接触后电流进入人体，造成机体组织损伤和功能障碍。

（3）机械伤事故。机械伤主要指机械设备的运动部件、工具、加工件，通过夹击、碰撞、剪切卷入、绞、碾、割、刺等形式直接伤害人体。

【案例】2010 年，云南某大学，实验室突发火情。事故原因是学生做完实验出门时，忘记切断电源，所幸无人受伤（图 1-21）。

图 1-21　受灾实验室

（4）火灾、爆炸事故。火灾，即在时间和空间上失去控制的燃烧所造成的灾害。爆炸是物质从一种状态迅速转变为另一状态，并在瞬间放出大量热量，同时产生声响的现象。实训室内有许多易燃易爆的物品，若不按照规范进行操作，或有意外情况出现，都会导致火灾甚至发生爆炸事故。

（5）环境污染事故：实训室污染环境主要是在大气、水、声、渣、环境风险方面，生物实验、实训室还涉及生物实验过程中因病原菌、病毒的传播危害人群健康的风险。

①废气污染，即通过通风橱、烟道、引风机及其他管道向外境排放；药品蒸发、挥发导致局部区域环境空气污染，易引发呼吸道疾病。

②废水污染：化学反应废液未经处理或者处理不善直接排放。如城市下水管网，有毒有害化学制剂，导致水体污染和有毒有害污染物进入水体，对工农业用水及生活饮用水产生危害。

③废渣污染：药品残渣、包装物、边角料，污染地表水及渗漏后污染地下水。

④噪声污染：设备运转噪声。

⑤放射性污染：核工业和其他具有放射源的实验、实训室管理不善或其他原因导致对环境和人群的放射性污染危害。

活动二　实训室安全与卫生事故的防范与处理

1. 实训室安全与卫生检查

（1）实训室安全检查：混乱、无序往往是引发实训室事故的重要原因。经常性进行卫生检查是保证实训室安全的基础，其主要检查项目包括：实训室是否清洁、物品摆放是否整齐，仪器、试剂、工具存放是否有序，实验台面是否干净，使用的仪器摆放是否合理（图 1–22）。

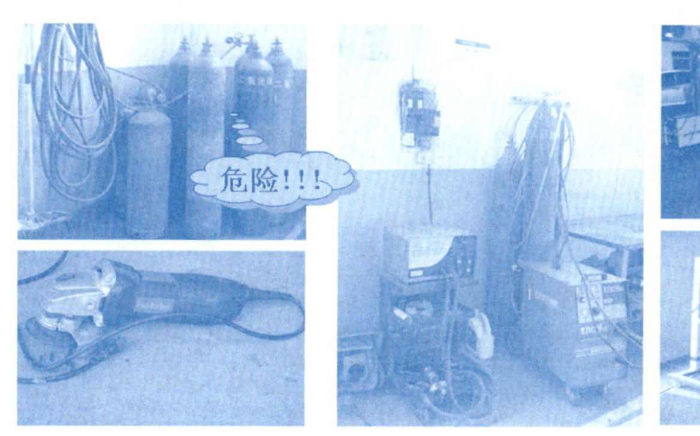

a）无序摆放危险

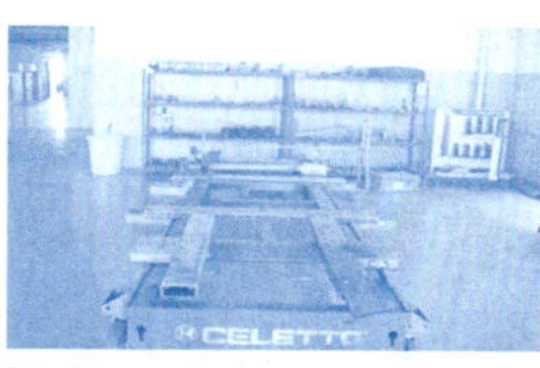

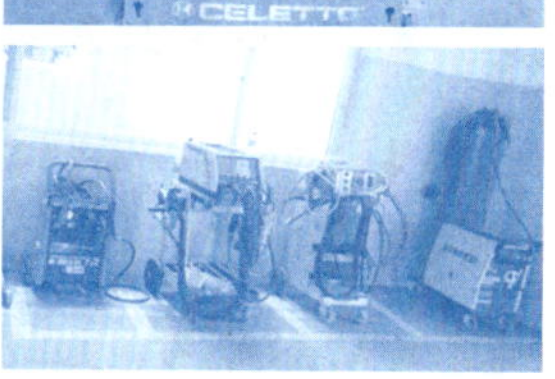

b）有序摆放安全

图 1-22　实训室物品摆放

（2）实验、实训室仪器检查：实验、实训室仪器检查是确保实验顺利进行的前提。仪器检查的主要项目包括：仪器是否清洁、完好；仪器是否按使用要求进行摆放、存储。

（3）实验、实训室水的检查：实验、实训室特别是化工实验、实训室，经常都能遇到各种不同实验试剂。对实验、实训室水的检查主要包括：取水设施（水龙头、水管）、下水设施（排水管道、废水池）是否完好、通畅、符合实验要求规定。

（4）实验、实训室电的检查：为确保安全用电，在实验、实训室使用各种电器设备前，必须要进行检查。其主要检查内容：实验、实训室供电总功率，是否能满足室内同时用电负载的总功率，并适当留有余地；电器设备插头接地是否良好；此外，还要对操作人员和设备进行静电检查，如图 1–23 所示。

（5）实验、实训室气的检查：实验、实训室气的检查指对实验、实训室气体的存储装置的检查。其主要检查内容：储存气体的气瓶本身是否安全，气瓶各种标识是否明晰、符合实际，存放位置和方式是否符合安全要求。

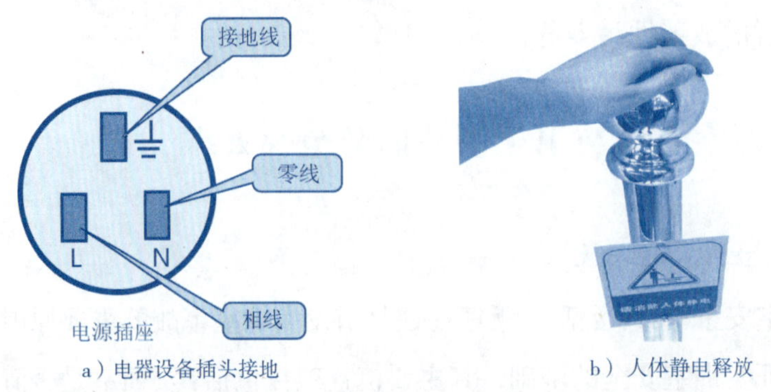

a）电器设备插头接地　　b）人体静电释放

图 1-23　设备和静电检查

（6）实验、实训室消防设施检查：消防器材是确保实验、实训室安全的重要保障。每个实验、实训室必须根据各实验、实训室工作内容，配置适用的灭火器材和防护用具、急救药品，并定期进行检查。实验、实训室消防设施检查主要包括：灭火器材是否就近放在便于取用的地方，是否失效；防护用具和急救药品是否配置齐全。

2. 实训室安全与卫生事故处理

（1）创伤的急救：伤处不能用手抚摸，也不能用水洗涤。若是玻璃创伤，应先把碎玻璃从伤处挑出。然后用酒精棉清洗，涂上红药水、紫药水（或红汞、碘酒），必要时撒些消炎粉或敷些消炎膏包扎。严重时采取止血措施，送往医院。

（2）烧伤、灼伤的急救：

①轻度烧伤，可用清凉乳剂（清石灰 500g 加蒸馏水 2000mL，搅拌、沉淀，取上层清液和等体积芝麻油混合）涂于伤处，必要时进行包扎。

②二度烧伤，可选用 5% 新制丹宁溶液，用纱布浸湿包扎，或立即在伤处涂獾油。注意：千万不要将烫伤引起的水泡弄破，以防感染。

③三度烧伤的患者，尽可能采用暴露疗法，不宜包扎，应送医院治疗。

灼伤时，应迅速解脱衣服，清洗皮肤上的化学药品，并用大量干净的水冲洗；再用清除这种有害药品的特种溶剂、溶液或药剂仔细处理，严重的应送医院治疗。

（3）触电的急救知识：发现有人触电后，拉下电闸，立即切断电源，或用不导电的竹、木棍将导电体与触电者分开。在未切断电源或触电者未脱离电源时，切不可触摸触电者。

对呼吸和心跳停止者，应立即进行心脏按压复苏，或口对口的人工呼吸和心脏胸外挤压，直至呼吸和心跳恢复为止。如呼吸不恢复，人工呼吸至少应坚持4h或出现尸僵和尸斑时方可放弃抢救。有条件时直接给予氧气吸入更佳。在就地抢救的同时，尽快呼叫医务人员或向有关医疗单位求援。

（4）化学中毒急救：在实验、实训室工作中接触到的化学药品，很多是对人体有毒的。一旦发生中毒事故，要争分夺秒地采取正确的自救措施，力求在毒物被身体吸收之前实现抢救，使毒物对人体的损害减至最小。

毒物可通过下列三种途径进入人体引起中毒。

①呼吸系统：分散于空气中的挥发性毒物及粉尘，通过呼吸经肺部进入血液，并随血液循环分散到人体各部位引起全身中毒。

②消化系统：操作时触及毒物的手未洗净就拿取食物、饮料等，将毒物带入口腔、胃、肠道而引起中毒。也有因误食而中毒的。

③接触中毒：毒物由皮肤渗入体内，或通过皮肤上的伤口进入，经血液循环而导致中毒。这类毒物多属脂溶性、水溶性毒物。如硝类化合物、氰化物等。所以，实验、实训室一定要通风良好，尽力降低空气中有害物质的含量。凡涉及毒物的操作必须认真、小心；手上不能有伤口；操作完后一定要仔细洗手；生产有毒害性气体的操作，一定要在通风柜中进行。

化学中毒的急救措施：

①施救者要做好个体防护，佩戴合适的防护用具。

②迅速将患者移至空气新鲜处，松开衣领和腰带，取出口中义齿和异物，保持呼吸道通畅。呼吸困难和有紫癜者给吸氧，注意保暖。

③如有呼吸心跳停止者，应立即在现场进行人工呼吸和胸外心脏挤压术，一般不要轻易放弃。对氰化物等剧毒物质中毒者，不要进行口对口人工呼吸。

④某些毒物中毒的特殊解毒剂，应在现场即刻使用，如氰化物中毒，应吸入亚硝酸异戊酯。

⑤皮肤接触强腐蚀性和易经皮肤吸收引起中毒的物质时，要迅速脱去污染的衣物，立即用大量流动清水或肥皂水彻底清洗，清洗时应注意头发、手足、指甲及皮肤皱褶处，冲洗时间不少于15min。

⑥眼睛受污染时，用流水彻底冲洗。对有刺激和腐蚀性物质冲洗时间不少于15min。冲洗时应将眼睑提起，注意将结膜囊内的化学物质全部冲出，要边冲洗边转动

眼球。

⑦口服中毒患者应首先催吐。在催吐前先饮水 500 ~ 600mL（空胃不易引吐），然后用手指或钝物刺激舌根部和咽后壁，即可引起呕吐。催吐要反复数次，直到呕吐物为饮入的清水为止。如食入的为强酸、强碱等腐蚀性毒物，则不能催吐，应饮牛奶或蛋清，以保护胃黏膜。食入石油产品亦不能催吐。

⑧迅速将患者送往最近的医疗部门做进一步检查和治疗。在护送途中，应密切观察呼吸、心跳、脉搏等生命体征；某些急救措施，如输氧、人工心肺复苏等也不能中断。

活动三　实训室7S管理

7S 活动是企业现场各项管理的基础活动，它有助于消除企业在生产过程中可能面临的各类不良现象。在学校实验、实训安全与卫生管理中，通过开展整理、整顿、清扫等 7S 活动，可以减少事故的发生，有效提升个人行动能力与素质，最终提高学生的职业素养。

1. 7S 的具体含义

（1）整理（sort）：区分要用与不用的物资，把不用的物资清理掉。

（2）整顿（straighten）：要用的物资依规定定位、定量摆放整齐、标明识别。

（3）清扫（sweep）：清除实训现场内的脏污、垃圾、杂物并防止污染的发生。

（4）清洁（sanitary）：将前 3S 实施的做法制度化、规范化、执行并维持良好成果。

（5）素养（sentiment）：人人依规定行事、养成好习惯。

（6）安全（safety）：人人都为自身的一言一行负责，杜绝一切不良隐患。

（7）节约（save）：对时间、空间、原料等方面合理利用，以企业主人的心态发挥它们的最大效能。

2. 7S 的内容及要求

1）整理

如图 1–24 和图 1–25 所示，整理就是彻底地将要与不要的东西区分清楚，并将不要的东西加以处理，它是改善生产现场的第一步。需对“留之无用，弃之可惜”的观念予以突破，必须挑战“好不容易才做出来的”、“丢了好浪费”、“可能以后还有机会用到”等传统观念。经常对“所有的东西都是要用的”观念加以检讨。

图 1-24　清除现场不需要的设备

图 1-25　清除现场不需要的工具

小贴士　整理的目的是：改善和增加作业面积；使作业现场无杂物、行道通畅，提高工作效率；消除管理上的混放、混料等差错事故，防止误用等。整理有利于减少库存、节约资金。

2）整顿

如图 1–26 和图 1–27 所示，整顿就是把经过整理出来的需要的设备和工具给予定量、定位，简而言之，整顿就是把有用的设备和工具放置方法的标准化。整顿的关键是要做到定位、定品、定量。

图 1-26　整顿物品

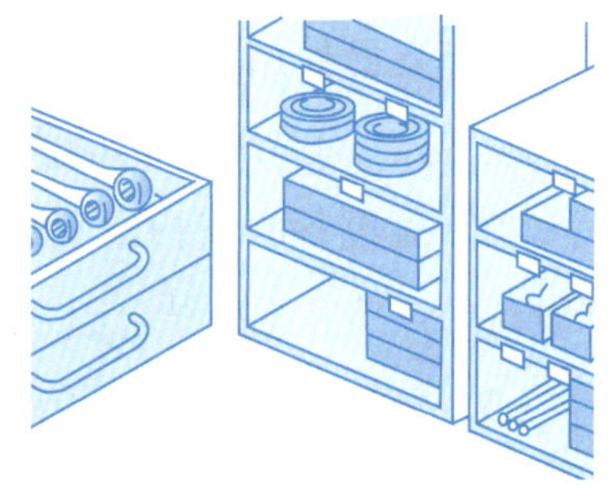

图 1-27　整顿的效果

抓住了上述几个要点，就可以制作看板，做到目视管理，从而提炼出适合本企业的设备和工具放置方法，进而使该方法标准化。

小贴士　整顿的目的是：使工作场所整洁明了，一目了然，减少取放物品的时间，提高工作效率，保持井井有条的工作秩序区。

如图 1–28 和图 1–29 所示，已整顿的工具明显比未整顿的工具更加清楚、有序，可大大提高后期工作效率。

图 1-28　未整顿的工具

图 1-29　已整顿的工具

小贴士 清扫的目的是：使员工保持一个良好的工作环境，并保证产品的品质，最终达到企业生产零故障和零损耗。

3）清扫

如图 1–30 所示，清扫就是彻底地将自己的工作环境四周打扫干净，设备异常时马上维修，使之恢复正常。清扫活动的重点是必须按照决定的清扫对象、清扫人员、清扫方法，准备清扫器具，按照清扫的步骤实施，方能真正起到效果（图 1–31）。

图 1-30 清扫

图 1-31 清扫后的效果

清扫活动应遵循下列原则：

（1）自己使用的物品如设备、工具等，要自己清扫而不要依赖他人，不增加专门的清扫工。

（2）对设备的清扫，着眼于对设备的维护，清扫设备要同设备的点检和维护结合起来。

（3）清扫的目的是为了改善环境，当清扫过程中发现有油水泄漏等异常状况发生时，必须查明原因，并采取措施加以改进，而不能听之任之。

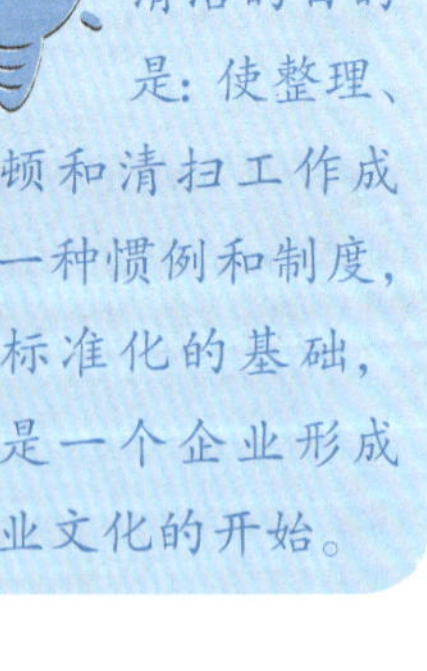

小贴士 清洁的目的是：使整理、整顿和清扫工作成为一种惯例和制度，是标准化的基础，也是一个企业形成企业文化的开始。

4）清洁

如图 1–32 所示，清洁是指对整理、整顿、清扫之后的工作成果认真维护，使现场保持完美和最佳状态。清洁是对前三项活动的坚持和深入。如果不清洁，就算开始的 3S 做得再好，最终也会凌乱不堪（图 1–33）。

图 1-32 清洁

图 1-33 不清洁的现场

清洁活动实施时，需要秉持三个观念：

（1）只有在“清洁的工作场所才能生产出高效率、高品质的产品”。

（2）清洁是一种用心的行为，千万不要只在表面下功夫。

（3）清洁是一种随时随地的工作，而不是上下班前后的工作。

清洁的要点是：坚持“三不要”的原则，即不要放置不用的东西，不要弄乱，不要弄脏；不仅物品需要清洁，现场工人同样需要清洁；工人不仅要做到形体上的清洁，而且要做到精神上清洁。

5）素养

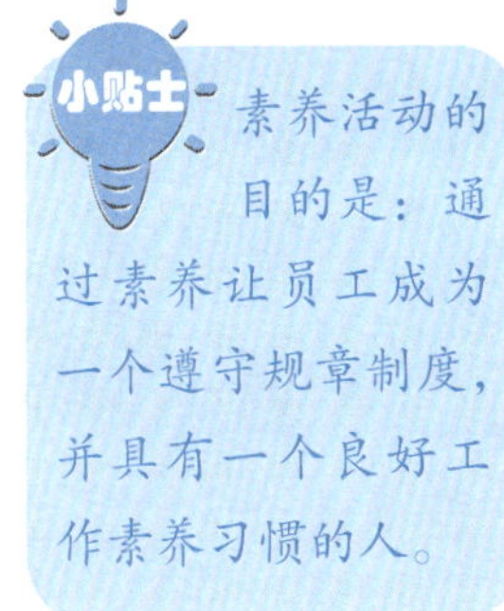

如图 1–34 所示，素养即教养，努力提高人员的素养，养成严格遵守规章制度的习惯和作风（图 1–35），这是“7S”活动的核心。没有人员素质的提高，各项活动就不能顺利开展，开展了也坚持不了。所以，抓“7S”活动，要始终着眼于提高人员的素质。

图 1-34 素养

图 1-35 养成好的行为习惯

6）节约

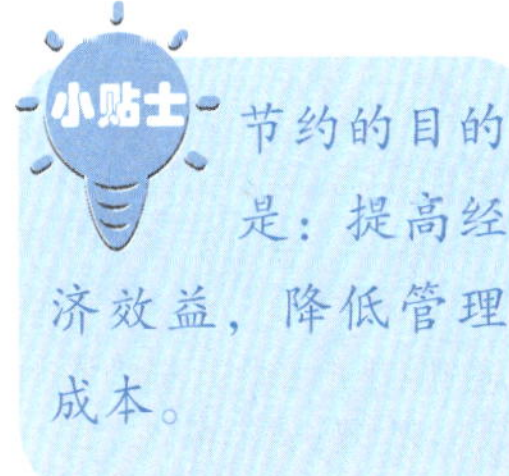

如图 1–36 所示，节约就是对时间、空间、能源等方面合理利用（图 1–37），以发挥它们的最大效能，从而创造一个高效率、物尽其用的工作场所。

图 1-36 节约

图 1-37 节约能源

实施时应该秉持三个观念：

（1）能用的东西尽可能利用。

（2）以自己就是主人的心态对待企业的资源。

（3）切勿随意丢弃，丢弃前要思考其剩余的使用价值。

节约是对整理工作的补充和指导，在企业中要秉持勤俭节约的原则。

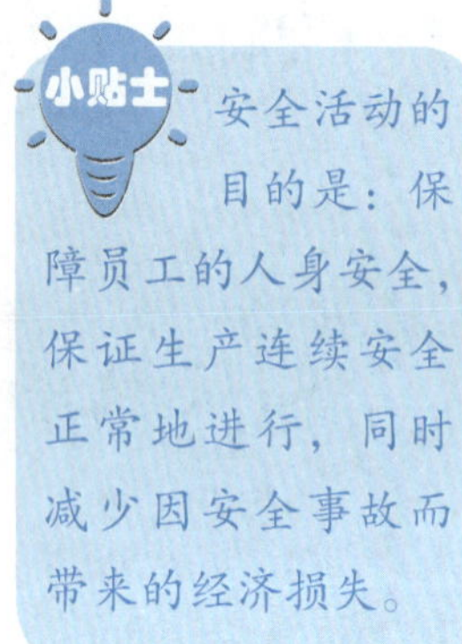

7）安全

如图 1–38 所示，安全就是要维护人身与财产不受侵害，以创造一个零故障、无意外事故发生的工作场所。安全隐患（图 1–39）无处不在，要严加防范。

图 1-38　安全

图 1-39　安全隐患

保证安全实施的要点是：

（1）不要因小失大，应建立健全各项安全管理制度。

（2）对操作人员的操作技能进行训练。

（3）勿以善小而不为，勿以恶小而为之。全员参与，排除隐患，重视预防。

推行 7S 应经历三个阶段：形式化—行事化—习惯化，等到习惯化以后，一切事情就变成了自然，也就成了学生在实验、实训室活动的准则。培养学生良好的 7S 习惯，将实验、实训室安全与卫生隐患尽早消除，是推行 7S 的最终目的，是成功推行 7S 的标志。图 1–40 所示为全员参与实践，图 1–41 所示为分工合作。

图 1-40 全员参与实践

图 1-41 分工合作

任务三 典型案例分析

案例一 教育教学活动安全

2002 年，某中学的高一年级某班学生在上课铃响之后，只有 20 名左右的学生陆续地到运动场集合上体育课。体育教师黄某请体育委员回教室通知没到的学生来上课。

在教室里被体育委员叫来的学生和运动器材都准备好后，黄某便吹哨子集合，在其周边的学生已缓慢集合成队，但仍有一名学生在远处的沙池边跳远。黄某用力吹了几下哨子，那位学生（某甲）才小跑过来。在某甲快要站回队伍时，黄某愤怒并用眼神狠狠地盯着某甲，问道："你没听到老师吹哨子吗？为什么还毫不在意、大摇大摆地过来？"某甲没回答，并用眼睛盯着黄某。黄某生气地用拿着笔的右手一巴掌掴在某甲脸上。某甲双手捂住左眼角弯下身子，突然又直起身体冲向黄某，于是两人扭打起来。围观学生把他们两个拉开，某甲转而打电话通知其家长，又回到运动场，见黄某在训学生，便从路边拿上一块小砖头，欲砸黄某，黄某见状，两人又扭打起来。旁边的学生又一轰而上，拖开两人。这时黄某已怒极，奋力挣脱学生们的拖拉，向某甲猛打，后学生们拼力拉开两人才结束。

结局是黄某的上衣被撕破，背后有两处伤痕；某甲左眼角黑肿有瘀血，左腿上有两处瘀血。

【分析】

《中华人民共和国教师法》第 35 条规定："侮辱、殴打教师的，根据不同情况，分别给予行政处分或者行政处罚；造成损害的，责令赔偿损失；情节严重，构成犯罪的，依法追究刑事责任。"第 37 条还规定了教师体罚学生，经教育不改的，由所在学校、其他教育机构或者教育行政部门给予行政处分或者解聘。

教师黄某对待某甲的态度和先动手打人是不对的，是违反《中华人民共和国教师法》规定的，也是引发这次事件的主要原因之一。因为对学生坚持正面教育，是所有教育工作者必须遵循的一条重要的教育原则。对于有缺点、有错误的学生，要深入了解情况，具体分析原因，满腔热情地做好他们的思想转化工作。对于极个别屡教不改、错误性质严重、需要给予纪律处分的学生，也要进行耐心细致的说服教育工作，以理服人，不能采用简单粗暴和压服的办法，更不得体罚和变相体罚学生。某甲殴打教师是错误的，应赔偿教师黄某的损失。

案例二　交通安全——某县中学学生被撞案

2005 年 11 月，某县中学组织全校初二、初三 13 个班的 900 多名学生来到某公路上跑操，学生们跑到公路 118km 处，在公路上掉头返回。在前面 12 个班都掉头返回后，尾随其后的一班转弯时，一辆重型货车像疯了一般突然碾压过来，在一片惊呼和惨叫声中，学生们纷纷倒地。重型货车“扫”倒一大片学生后，撞断路边的大树又驶上公路斜横在路上停了下来。当场有 18 人死亡，21 人受伤，其中班主任老师也在此次事故中丧生。死亡学生中，年龄最大的 18 岁，最小的 15 岁。

【分析】

这起特大交通安全事故给师生的生命安全和健康造成了重大的伤害。为了吸取这起特大交通事故的沉痛教训，保证在学校体育工作中师生的安全与健康，各级教育行政部门和学校必须采取切实有效的措施杜绝此类事故的发生。

(1) 学校开展一切体育活动的目的，都是为了促进学生的身心健康发展，在体育活动过程中首先要高度重视学生的生命安全，要切实树立健康第一的指导思想，各级教育行政部门和各级各类学校要开展体育工作安全隐患大检查，彻底消除隐患，防患于未然。

(2) 城镇学校的早操、跑步等体育活动要尽量安排在校园内进行，严禁学校组织学生在主要街道和交通要道上进行集体跑步等体育活动。农村学校如确因体育场地欠缺，只能安排在校园外开展体育活动的，可以组织在附近的安全场所内进行，应避开交通要道，要选择适宜的路线确保学生的生命安全。

(3) 学校开展大型体育活动以及其他大型学生活动，必须经过主要街道和交通要道的，应事先征得公安交通管理部门的同意和支持，采取必要的安全防护措施。

(4) 学校对体育活动时间要合理安排，校内活动场地不足的，要采取错开体育活动时间、开展不同形式的活动内容等措施，寄宿制学校要合理安排早操时间。

(5) 学校要加强学生上学、放学交通安全的教育，切实增强学生的交通安全意识，教育学生严格遵守交通规则，防止交通安全事故的发生。

案例三　教学设施设备安全——某中学坍塌事故

2002 年，某晚 6 时 50 分左右，某中学教学楼发生楼梯护栏坍塌事故，造成 21 名学生死亡、47 名学生受伤。

某中学是市属重点中学，有初中三个年级共1563名学生。某晚晚自习结束后，1500多名学生从东西两个楼道口，在没有任何照明的条件下，蜂拥下楼。在西楼道接近一楼的最后四五个台阶处，楼梯护栏突然坍塌，前面的学生纷纷扑倒在地，后面的学生看不清，仍然纷纷往前拥挤，酿成事故。

【分析】

此中学使用的新教学大楼，一层为商业用房，二层和三层为教室、办公室和学生宿舍（120名学生住宿），全楼共有东西两个宽3.3m的楼道出口。按照设计容量，全楼只能容纳800多名师生，但此中学违规扩编，使在校学生人数增加到了1500多名，严重超员造成不堪设想的后果。

事故发生地的楼道有12盏灯，1盏没有灯泡，11盏不亮。事故发生当天下午5时，有老师向校长反映灯泡照明问题，校长以“管理灯泡人员不在”为由，没有及时处理潜在的安全隐患，结果在当晚就发生惨剧。这起事故发生的原因主要有：一是学校校长安全意识薄弱；二是学校管理缺位；三是防范措施不利。

案例四　饮食卫生安全——某中学中毒案

2004年9月22日对于某中学来说，是一个黑色的日子。这天下午6时左右，结束军训的学生来到学校第二食堂吃晚饭。大约半小时后，几十名学生纷纷出现头晕、恶心、呕吐等中毒症状，有的学生倒在了食堂地上。后经省疾病控制中心检测，中毒学生的呕吐物中含有“毒鼠强”成分。

经公安局侦查后发现，制造此次中毒事件的是食堂原管理员于某，他因怀疑学校膳食科主任刘某背后向校领导说他的坏话，致使他被调离膳食科，遂对刘某怀恨在心，在饭菜中投毒，以报复刘某。

【分析】

本案中，除对故意投毒的原管理员于某要追究刑事责任外，学校应该负什么责任呢？

《最高人民法院关于审理人身损害赔偿案件适用法律若干问题的解释》中明确规定，学校对未成年人依法负有教育、管理、保护的义务，未尽职责范围内的相关义务致使未成年人遭受人身损害，应当承担与其过错相应的赔偿责任。

同时，按《学校食堂与学生集体用餐卫生管理规定》、《餐饮业和学生集体用餐配送单位卫生规范》，学校应建立食堂物资定点采购和索证、登记制度与饭菜留验和记录制度，检查饮用水的卫生安全状况，保障师生饮食卫生安全。

案例五　实训室安全——实验课致使学生受伤案

某中学初中化学教师杜某正组织学生上化学实验课，学生李某因借用坐在实验桌对面同学的钢笔，无意中碰倒了酒精灯，酒精溅在本组同学韩某的脸上并燃烧，致使韩某面部皮肤烧伤脱落，造成中度毁容。事后韩某家长多次到学校吵闹，要求学校赔偿损失并处理教师杜某。学校经研究决定赔偿韩某医疗费和营养费2000元，并以教学事故为由给予教师杜某警告处分。

【分析】

实验课上学生受伤，如果确属教学事故，即学生受伤是由于教师的过错所致，则教师理应承担责任。从该案例来看，学生李某无意碰倒酒精灯，溅在韩某脸上并起火烧伤韩某纯属偶然，是李某不能预见也无法避免的，至于对组织这次实验课的教师杜某来说，事情的发生更是出乎意料的。因此杜某对韩某烧伤毁容一事既不存在主观上的故意过错，也不存在过失过错，学校把此事定为教学事故并给予杜某警告处分显然是错误的，而且赔偿韩某2000元医疗费和营养费也无法律根据。

实验、实训室在职业学校越来越重要，其安全工作可从以下几方面进行。

（1）学校应加强对实验、实训室的领导和管理，确定一名校长负责实验、实训室工作，并应派相关学科的老师或者实验技术人员主持实验、实训室日常工作。中学每个实验、实训室一般配备一名专职教师或实验技术人员。

（2）学校实验、实训室应该建立健全规章制度，采取措施确保师生人身安全和健康，并应按规定做好“三废”处理工作。

（3）对违反规定，造成师生人身伤亡事故的，应依据情节轻重追究主管部门、学校主管校长和当事人的责任（包括适当赔偿责任），严重的要给予行政处分或刑事处罚。

案例六　校园暴力

2011年9月的某日，在某校的大门口外50m拐角处，高二某班詹某伙同本班5名同学对高一某班李某进行群殴，致使李某门牙脱落2颗，身体多处受伤住院。

经学校政教处调查，两位同学的矛盾源于当天中午在学校食堂打饭时，李某同学插队，詹某同学上前制止，李某同学不听劝告，两人在食堂内发生了口角。詹某回到班上以后，将事情告诉班上的其他几名男同学，大家商议之后，决定在下午放学的时候在校门口堵住李某同学，好好教训他一顿，因此导致詹某等五名学生群殴李某学生暴力事件的发生。

事后学校邀请詹某、李某及另外五位参与打架的学生家长到校，经过协商最后达成一致意见：詹某应负主要责任，承担50%的医药费，其他五位学生负次要责任，共同承担50%的医药费。参与打架的学生经过学校和家长的教育，都表示承认错误，学校根据当事学生的责任大小和认错态度，给予相应的纪律处分。

【分析】

1.从学生自身角度来看校园暴力事件发生的原因

青少年可塑性大，虽有一定的辨别是非、控制行为的能力，但自控力非常脆弱。若缺乏正确引导，在一定内外因素作用下，好奇冒险的心理极易导致犯罪行为发生。詹某、李某等学生在校属于经常违纪违规的学生，缺乏自我安全防范意识，法制观念淡薄，是导致校园暴力事件发生的主要原因。

2. 从家庭的角度来看校园暴力事件发生的原因

父母是子女的第一任老师。家庭教育的缺陷是子女形成不良个性的基础。放任子女不良习惯和行为，使其养成任性、执拗、蛮横、粗野、放纵等畸型性格，当其不断增长的需求得不到满足时，就很容易采取犯罪的手段。有的家长则奉行“棍棒成才”的信条，导致子女离家出走、流浪在外，极易被社会上的不法分子拉下水。有的家长本身就有恶习，子女耳濡目染，自然而然地沾染上不良习气，甚至发展为违法犯罪。另外，离异单亲家庭中的青少年犯罪率明显高于正常家庭。其原因在于离异单亲家庭中的子女缺乏家庭教育，失去家庭幸福，到社会上去寻求“关心”、“同情”，往往被坏人拉拢、引诱，走上犯罪道路。

3. 从学校的角度来看校园暴力事件发生的原因

“成绩唯一论”，“唯分数论”依然主导着学校的教学目标。由于青少年学生的性格、能力及兴趣爱好各不相同，仅仅以“成绩论英雄”的教育模式从根本上否定了人的本性，应试教育使得这些成绩不理想的学生常常不被人重视甚至被人歧视。此案例的詹某、李某两名同学成绩都不尽人意，且厌学、不求上进，所以他们上课不听讲、不做作业，甚至打架、寻衅滋事，违纪现象时有发生。

4. 从社会和谐程度来看校园暴力事件发生的原因

低级、庸俗的文化会腐蚀人们的灵魂。目前在文化市场上，图书报刊、音像制品中充斥着大量的封建迷信、凶杀暴力、淫秽色情及其他有损人民群众健康的内容，对社会文化环境造成一定程度的污染。这种受污染的社会文化环境对涉世不深的青少年产生极大的消极影响。相当一部分缺乏分析和抵制能力的青少年，一旦接受不良文化影响，便会很快堕落，难以自拔。

5. 法制道德教育滞后

近几年来，虽然在中小学设立了法律知识和品德教育课，在社会上开展“送法上门”、“法律进家”等多种形式的普法教育活动，但力度不够，还有死角：一些青少年不重视这方面的学习，致使缺乏是非、荣辱、善恶观念，分不清罪与非罪的界限，此罪与彼罪的区别。许多青少年犯罪后还不知道自己犯了罪，更不知道犯的是什么罪。

项目小结

（1）在我国，学龄儿童的意外伤害多数发生在学校和上学的途中；而在不同年龄段的青少年中，又以 15 ~ 19 岁意外伤害的死亡率最高。

（2）校园常见安全与卫生事故类型有：不当活动事故、挤压、践踏事故、交通事故、体育活动事故、劳动或社会实践事故、校园暴力事故、消防事故、学生身体原因引起的特殊事故、自然灾害事故、卫生事故等。

（3）学校应定期对食堂、小卖部等校内饮食点进行卫生检查，不定期对食堂工作人员落实卫生制度情况进行突击检查，严禁变质、腐烂、有毒等食品进校园餐桌，严防病从口入。

（4）严禁学生乘坐“三无”车辆，学校定期对校区交通标识设施、学生乘车情况、校区行车制度落实情况等进行排查、摸底。

（5）学校要定期对消防设施进行检查，每两周检查一次，包括用火、用电、消防器材等。

（6）食物中毒处置方法有停、早、保、配合、消毒等措施。

（7）火灾发生时，常常会产生对人体有毒害的气体，所以要预防烟毒，应该尽量选择上风处停留或用湿的毛巾或口罩保护口、鼻和眼睛，避免有毒有害烟气侵害。

（8）发生盗窃案件，立即报告学校保卫部门或当地派出所，同时封锁和保护现场，不准任何人进入。不得翻动现场的物品，切不可急急忙忙地去查看自己的物品是否丢失。

（9）常见的运动伤害有肌肉拉伤、韧带扭伤、肌肉抽筋、挫伤、血肿、脱臼、骨折、开放性伤口、重大运动伤害等。

（10）一般情况下，在校园内遇有流氓滋事，一方面要敢于出面制止或将流氓分子扭送有关部门，或及时向学校保卫部门报案，或打“110”电话报警，以便及时抓获犯罪嫌疑人，予以惩办；另一方面，要加强自身的修养，冷静处置，不因小事而招惹是非，积极慎重地同外部滋扰这一丑恶现象作斗争。

（11）7S 活动是企业现场各项管理的基础活动，它包括整理、整顿、清扫、清洁、素养、安全和节约。

（12）在实验、实训室中，卫生与安全非常重要，因为它常常潜藏着诸如发生爆炸、着火、中毒、灼伤、割伤、触电等事故的危险。

（13）实训室安全与卫生检查主要是对实训室水、电、气、仪器、消防设施和卫生的检查。

（14）凡烧伤面积大、三度烧伤的患者，尽可能采用暴露疗法，不宜包扎，应送医院治疗。

（15）校园突发事件中的学生伤害事件主要包括：学生意外伤害事件；学生食物中毒事故；学生违反《治安管理处罚条例》的治安事件；学生行为触犯《中华人民共和国刑法》的刑事案件；学生患突发疾病事件；学生违反公序良俗的事件。

（16）学校突发事件处理办法要根据《中华人民共和国教育法》、《中华人民共和国未成年人保护法》、《学生伤害事故处理办法》和其他相关法律、行政法规及有关规定制定。

技能训练

训练一　校园突发事件的处理

情景设计：班上某同学体育课跑步时发生骨折，校医不在或情形比较严重。

要求：请结合所学知识按程序组织救治，并做好记录。

训练二　校园安全与卫生检查

情景设计：星期五下午，学校组织对校园安全与卫生进行大检查。

要求：请用所学知识，重点检查教室、宿舍、实训室、食堂，列出检查内容，将检查情况记录于表 1-1 中，并对检查结果进行分析处理。

××学校安全与卫生检查表　　表 1-1

学校名称：　　检查时间：

一级项目	二级项目	序号	重点检查内容及要求	检查形式	分值	得分
食品及食堂安全	组织制度建设	1	是否建立了以校长为第一责任人的学校食堂食品安全责任制	查看	1	
		2	是否有食品安全管理机构并配备专职或兼职食堂食品安全管理人员	查看	1	
		3	是否落实了食品安全责任制度，明确各岗位、环节从业人员的责任	查看	1	
		4	是否定期检查食品安全并有记录	查看	1	
		5	对外承包食堂是否制定准入要求，并把食品安全作为承包合同的重要内容，是否切实加强监督检查，督促承包人落实各项管理制度	查看	1	
	许可证	6	有无餐饮服务许可证	查看	1	
		7	实际经营项目与许可范围是否相符，是否存在超范围经营问题	实地查看	1	
	食堂环境	8	食堂环境是否定期清洁和保持良好	实地查看	1	
		9	是否具有消除鼠、苍蝇和其他有害昆虫及孳生条件的防护措施	实地查看	1	
		10	是否具有足够的通风和排烟装置	实地查看	1	
	健康管理	11	是否建立了从业人员健康管理制度和健康档案	查看	1	
		12	从业人员是否取得健康合格证明	查看	1	
		13	健康合格证明是否在有效期内	查看	1	
		14	从事直接入口食品的工作人员患有有碍食品安全疾病时，是否及时将其调整工作岗位	查看	1	
	落实索证索票制度	15	学校食堂采购食品及原料、食品添加剂及食品相关产品是否验收并具有进货台账	查看	1	
		16	库存食品是否在保质期内，原料储存是否符合管理要求	实地查看	1	
		17	是否存在国家禁止使用或来源不明的食品及原料、食品添加剂及食品相关产品	实地查看	1	
		18	食用油脂、散装食品、一次性餐盒和筷子的进货渠道是否符合规定，是否严格落实索证索票制度	实地查看	1	

续上表

一级项目	二级项目	序号	重点检查内容及要求	检查形式	分值	得分
食品及食堂安全	清洗消毒	19	食堂是否配备有效洗涤消毒设施，且数量满足实际需要	实地查看	1	
		20	是否有餐饮具专用保洁设施	实地查看	1	
		21	消毒池是否与其他水池混用	实地查看	1	
		22	消毒人员是否掌握基本消毒知识	实地查看	1	
		23	餐饮具消毒效果是否符合相关要求	实地查看	1	
	食品加工制作管理	24	储存食品原料的场所、设备是否保持清洁	实地查看	1	
		25	是否有禁止存放有毒、有害物品及个人生活物品情况	实地查看	1	
		26	运输食品原料的工具与设备设施是否保持清洁	实地查看	1	
		27	是否使用超期变质等影响食品安全的可疑食品	实地查看	1	
		28	原料清洗是否彻底	实地查看	1	
		29	生熟食品是否分开储存，是否存在交叉污染	实地查看	1	
		30	是否按规定留样，是否具有留样设备，留样设备是否正常运转	实地查看	1	
		31	存放时间超过 2h 的食品食用前是否经过充分加热	实地查看	1	
设施设备安全	校舍安全	32	校舍安全领导小组职责明确；有校舍安全定期检查制度及检查、整改记录	查看	1	
		33	校内有无 D 级危房，B、C 级危房有无采取安全防护措施	实地查看	1	
		34	正在施工中的建筑是否有安全防护	实地查看	1	
		35	学校所有建筑物、设施是否符合国家安全标准，是否有消防、竣工验收证明	查看	1	
		36	屋面完好平整，无渗漏现象；楼房避雷设施完好，检测资料保存完好	实地查看	1	
		37	楼房天面、外墙、阳台、门窗、楼梯围栏有无裂缝等不安全情况，空调机（室内外）、电风扇吊挂情况是否正常	实地查看	1	
		38	附属设施车棚、厕所、大门、围墙、水井及周边设施、挡土墙等完好；校园内易发生碰撞、滑倒等危险处是否设置醒目的安全警示标志	实地查看	1	
		39	学生宿舍内床架、门窗、电线、插座、悬挂的风扇等是否有安全隐患，是否有学生私自使用电器，学生宿舍门窗是否完好牢固、女学生宿舍是否有效封闭	实地查看	1	
		40	学生宿舍管理制度是否健全，教师 24h 值班制度是否落实，值班记录是否齐全	查看	1	
		41	学生晚修管理制度是否制订和落实	查看	1	
		42	宿舍、晚修课室楼道是否安装应急灯，宿舍楼是否安装消防器材，安全标识是否明显、安全通道是否畅通	实地查看	1	
	锅炉安全	43	年检的记录材料是否具备，锅炉运转情况是否安全	查看	1	
		44	操作人员是否持有上岗证，锅炉操作人员是否每年参加业务培训	查看	1	
	用电用气设施安全	45	有安全用电管理制度和用电检查整改记录	查看	1	

续上表

一级项目	二级项目	序号	重点检查内容及要求	检查形式	分值	得分
设施设备安全	用电用气设施安全	46	课室和实验、实训室等各种场室用电开关、插座完好无损；灯具牢固，能正常使用。用电线路规范，无乱拉乱扯现象，没有超负荷线路，老化线路及时整修	实地查看	1	
		47	配电盘、配电箱符合要求并有漏电保护装置，有明显的警示标志和防护措施	实地查看	1	
校园周边		48	校园周边是否存在违规饮食摊点等安全隐患，校园周边治安秩序整治情况	实地查看	1	
环境安全		49	校园周边是否存在包括交通、文化娱乐场所、网吧等安全隐患	实地查看	1	
交通安全	标志设置	50	临近主要街道、公路学校门口，有人行横道和设置明显的警示标志	实地查看	1	
	校车	51	教育寄宿学生乘坐车辆车况完好，有“三证一险”（年检证、A本驾驶证、营运证和保险）车辆	实地查看	1	
	交通安保制度	52	地处繁华路段，主要道路旁侧学校上学、放学安全保卫工作制度化、规范化，在校学生全年无意外交通事故	实地查看	1	
治安保卫制度与管理	门卫管理	53	聘请合格门卫。门卫值班认真负责，来客来访登记记录完整，学生入校凭证，出校凭单。禁止无关人员和校外机动车入内，禁止将非教学用易燃易爆物品、有毒物品、动物等危险物品带入校园	实地查看	1	
	值班制度与管理	54	学校有领导带班值日制度，有护校队，落实24h值班制度，值班人员夜间巡视不少于两次。节假日、每天中午、下午等非课堂学习期间有领导带班值勤，值班记录和意外事件处理记录完整。周边环境复杂的学校在上午、下午放学期间要组织教师在校门周边协助巡逻	查看	1	
	安保	55	加强管制刀具的教育和管理，学生没有带管制器具等危险物品进入校园。对学生打架斗殴、群体性事件有预防措施	查看	1	
	宿舍安全制度与管理	56	住宿学生安全管理制度、请假制度等各类管理制度健全并得到有效落实	查看	1	
		57	配备专人负责住宿学生的生活管理和安全保卫工作。对学生宿舍实行夜间巡查、值班制度，每天中午、晚上的查铺制度落实，并有检查人记录签名。针对女生宿舍安全工作的特点，加强对女生宿舍的安全管理。保证学生宿舍的消防安全	查看	1	
安全工作常规管理	体育与活动课安全	58	体育、活动课和体育训练有预防措施；课前准备活动充分，课堂纪律严明，没有发生责任事故	实地查看	1	
		59	场地平整、体育器械符合体育卫生标准并且牢固	实地查看	1	
		60	组织学生外出集体活动要加强安全防范教育，建立应急预案，并向主管部门书面汇报	查看	1	
	实验教学安全	61	建立实验、实训室安全管理制度，并将安全管理制度和操作规程置于实验、实训室显著位置。每间功能室有安全责任人	实地查看	1	
		62	对易燃易爆、放射物和有毒药品管理规范。严格建立危险化学品、放射物质的购买、保管、使用、登记、注销等制度，保证将危险化学品、放射物质存放在安全地点，有专人保管，有专项管理制度	查看	1	
	防疫	63	健康教育课开设情况良好，能结合季节变换进行常见病、多发病的宣传和教育	查看	1	

续上表

一级项目	二级项目	序号	重点检查内容及要求	检查形式	分值	得分
安全工作常规管理	师生体检制度	64	学校应当定期组织学生体检。有体检档案，体育教师和班主任知晓患有先天性疾病学生基本情况	查看	1	
	安全应急预案	65	建立健全自然灾害和重大治安、公共卫生突发事件应急预案(主要含教学楼紧急事件、预防传染病、校园治安保卫、地震等12个突发事件应急预案)，每个学期组织师生按预案进行演练，师生尤其是有关责任人对各类预案熟悉度高。师生能掌握基本的避险、逃生、自救的方法	查看	1	
	聘请法制副校长	66	聘请兼职法制副校长或者法制辅导员，邀请其协助学校检查落实安全制度和安全事故处理，定期对师生进行法制教育	查看	1	
安全教育	安全法律法规宣传	67	通过校园网络、广播、板报、主题班会、标语等多种形式，大力宣传《治安管理处罚条例》、《未成年人保护法》、《预防未成年人犯罪法》、《中小学校园环境管理暂行规定》、《学生伤害事故处理办法》、《食品安全法》、《传染病防治法》等法律法规	查看	1	
	禁毒教育	68	定期为师生上禁毒宣传课，每学年至少举办一次禁毒图片展或一次禁毒讲座	查看	1	
	法制教育	69	根据要求开设法制教育课。积极开展法制宣传教育活动	查看	1	
	健康教育	70	学校建立健康教育制度，按规定开设有健康教育课，并做到有教学计划、有教师、有教案，课时保证。学校利用多种形式对学生开展健康教育，有固定的宣传教育设施并定期更换内容	查看	1	
	心理健康教育	71	有学生心理健康教育计划，教师、教案、课时落实	查看	1	
	与学生家庭的联系和沟通	72	通过校讯通、家长联系函、《致家长的一封信》等形式加强与学生家庭的联系和沟通；逢重大节假日都下发《师生节假日注意事项》或《学生节假日安全温馨提示》等宣传资料，争取家长对学生安全工作的支持和配合。与家长签订安全责任书，与派出所、家长、班主任、学生签订四方责任书	查看	1	
	校园安全文化建设	73	通过制订班级学生安全公约、学生日常行为操行评定等规范学生行为；加强校园安全文化建设；努力营造积极向上的校园文化	实地查看	1	
	意外伤害保险	74	学校提倡监护人自愿为学生购买意外伤害保险	查看	1	
检查综合评议		75	综合评议		26	
评分合计					100	
存在的主要问题						
问题解决办法						

检查小组成员：

项目评测

一、判断题(对的画“√”，错的画“×”)

1. 学生取暖、用电、饮食不当容易造成火灾、触电、中毒等事故。（　）

2. 农村学校食堂基础设施条件落后，卫生设施差等问题仍很突出，已成为学校突发公共卫生安全事件的隐患。（　）

3. 教室、办公室、各专用教室安全卫生检查主要是查门窗是否锁好。（　）

4. 学校要定期对消防设施进行检查，每半年检查一次。（　）

5. 食物中毒后发生的呕吐物要全部清除掉，以免传染给他人。（　）

6. 误食腐蚀性毒物强酸、强碱应及时服用干净水达到稀释毒素目的。（　）

7. 因火势太猛，必须从楼房内逃生的，可以选择不坚硬的地面，从二层处跳下。（　）

8. 中度韧带纤维断裂，以休息、冰敷、压迫、抬高处理，一个月内不能从事任何运动。（　）

9. 面对流氓滋扰事件，既要坚持以说理为主，不要轻易动手；同时又要注意留心观察、掌握证据。（　）

10. 灼伤时，应迅速解脱衣服，清洗皮肤上的化学药品，并用大量干净的水冲洗。（　）

二、单项选择题

1. 食物中毒不能采取（　）方法救治。

A. 饮水　B. 催吐　C. 洗胃　D. 消毒

2. 遭遇火灾，身处楼房 4 楼的同学，可以（　）。

A. 打开门窗自救逃生　B. 从 4 楼直接跳下

C. 使用电梯逃生　D. 不断向门窗上浇水降温，以阻止火势蔓延

3. 发生盗窃案件，同学们一定要冷静应对，不能（　）。

A. 进现场查看自己的物品是否丢失　B. 组织同学进行堵截，力争捉拿

C. 积极主动地提供线索　D. 发现存折被窃，尽快到银行挂失

4. 运动时肌肉抽筋，应当（　）。

A. 继续完成体育任务，只是降低速度　B. 用力迅速拉长抽筋的肌肉

C. 用力扣打抽筋的肌肉　D. 按摩抽筋的肌肉

5. 对擦伤、裂伤、刺伤、割伤等开放性伤口的处理，（　）。

A. 用碘酊、酒精将伤口周围皮肤消毒，贴上 OK 绷

B. 立刻送医院接受石膏固定

C. 休息、冰敷、压迫、抬高处理

D. 按摩伤口部位

6. 化学物可从皮肤进入体内引起中毒，要注意（　）。

A. 实验、实训室一定要封闭良好

B. 生产有毒害性气体的操作，一定要在密闭环境中进行

C. 操作完后一定要仔细洗手

D. 接触强腐蚀性物质，头发、指甲可不作过多清洗

7. 中毒者若食入的为强酸、强碱等腐蚀性毒物，（　）。

A. 给饮水 500 ~ 600mL（空胃不易引吐）

B. 手指或钝物刺激舌根部和咽后壁

C. 应饮牛奶或蛋清，以保护胃黏膜

D. 现场进行胸外心脏挤压术

8. 学校校园突发事件处理办法不能根据（　）制定。

A.《中华人民共和国教育法》　B.《中华人民共和国行政处罚法》

C.《中华人民共和国未成年人保护法》　D.《学生伤害事故处理办法》

9. 学生在课堂（课间）发生伤害事故的，任课教师或班主任不能（　）。

A. 立即组织将其送至校医室或通知校医前来处理

B. 立即向年级部、学生指导处或校领导汇报

C. 立即送医院

D. 立即向学校汇报，学校及时向上级教育主管部门汇报（发生重大伤害事故时）

三、填空题

1. 食物中毒处置步骤有______、______、______、______和______。

2. 要预防烟毒，应该尽量选择上风处停留或用______或______保护口、鼻和眼睛，避免有毒有害烟气侵害。

3. 外力撞击所引起的组织伤害。以______、______、______、______处理，并加上药物及物理治疗。

4. 脱臼可分为______与______。

5. 由于外力对骨骼的撞击，致使骨骼断裂。可分为______与______。

6. 灼伤一般指由于______或______作用于身体，引起局部组织损伤。

7. 实验、实训室污染环境主要是在______、______、______、______、______风险方面，生物实验、实训室还涉及到生物实验过程中______、______的传播危害人群健康的风险。

8. 对实验、实训室用水的检查主要包括：取水设施（______、______）、下水设施（______、______）是否完好、通畅、符合实验要求规定。

9. 眼睛受污染时，用______彻底冲洗。对有刺激和腐蚀性物质冲洗时间不少于______。冲洗时应将眼睑提起，注意将结膜囊内的化学物质全部冲出，要边冲洗边______。

10. 对于学生伤害事故案件，如果认定为学校承担民事赔偿责任的，不论是调解解决还是诉讼解决，其赔偿的项目范围与标准应当依照最高人民法院____________________办理。

11. 发生食物中毒的，食物需______待查，并及时上报______部门、______部门，视情况报______部门。

12. 遇校外人员冲击学校正常教学秩序，门卫及在现场的教工应及时做好______工作；情况严重的，应立即向学校汇报或向______报案；必要时，要进行现场______。

项目二 机电设备安全与防护

知识目标

完成本项目学习后，你应：

（1）会叙述机械设备伤害的种类和原因。

（2）会叙述电气设备伤害的种类和原因。

（3）知道机械设备伤害的预防和保护措施。

（4）知道电气设备伤害的预防和保护措施。

技能目标

完成本项目学习后，你应能：

（1）对机械设备进行防护及对机械伤害事故受伤人员进行急救。

（2）对电气设备进行防护及对触电事故受伤人员进行急救。

任务一 机械设备安全与防护

机械工业是所有产业的基础。机械安全关系到生产人员的人身安全、企业的财产安全，是可持续发展的重要组成部分。所以机械安全技术得到了广大机械技术人员和管理人员的高度重视，发展很快。

现今工业发达，产业界为了节省人力成本、增加效率，大量使用各种机械设备，因此在工厂内所发生的意外事故，大多都是由于机械设备故障或是人为使用不当所造成。根据职业灾害统计数据显示，由于机械设备所造成的伤害约占10%。值得重视的是，机械对人体造成的伤害大多为失能伤害，甚至是残废或死亡，而绝大多数的机械伤害都是可以避免的。

活动一 机械设备伤害的原因分析

机械是若干零部件的组合体，一般由动力部分、工作部分和传动部分组成，如图2–1所示。

图2-1 起重机组成

机械设备按其作用可分为：输送设备（压缩机、传动带运输机）、金属加工设备（车床、剪切机）、铸造设备、动力设备（锅炉、发电机）、起重设备（桥式起重机）、冷冻设备、分离设备、成型与包装设备。

凡是机械、设备、工具等对人体所造成的伤害，就称为机械伤害。

1. 机械伤害的种类

一般常见的机械伤害有：

（1）刺伤或割伤。被尖锐、锋利的物件或刀具刺入或割破人体，如图2–2所示。

（2）磨伤或擦伤。人体与转动中的物料或机件接触，所造成的伤害。

（3）切伤或剪伤。例如操作圆锯、冲剪机等，因疏忽或是操作不当，使得身体某些部位受到切、剪伤害。严重时将造成手部的残废，如图 2–3 所示。

（4）夹伤或卷伤。人体某部位遭传动（转动、移动）物体夹入或卷入，造成挤压伤害。例如被齿轮或带轮夹伤，手指遭冲压机夹伤等。

（5）撞击伤害。身体遭受重物的撞击，例如遭堆高机撞伤，如图 2–4 所示。

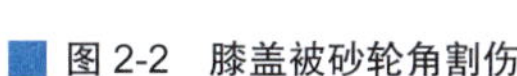

图 2-2　膝盖被砂轮角割伤

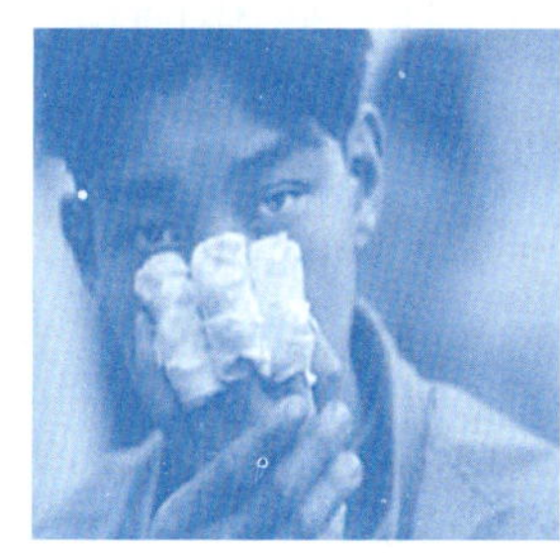

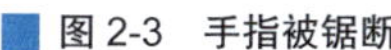

图 2-3　手指被锯断

图 2-4　小腿被重物砸断

2. 机械伤害的客观原因

1）传动装置产生危险的原因

机械传动分为齿轮传动、链传动和带传动。由于部件不符合要求，如机械设计不合理，传动部分和凸出的转动部分外露、无防护等，可能把手、衣服绞入其中造成伤害，链传动与带传动中，带轮容易把工具或人的肢体卷入；当链条和传动带断裂时，容易发生接头抓带人体，传动带飞起伤人，如图 2–5 所示。传动过程中的摩擦和带速高等原因，也容易使传动带产生静电，或产生静电火花，容易引起火灾和爆炸。

2）压力机械产生危险的原因

压力机械都具有一定施压部位，其施压部位是最危险的。由于这类设备多为手工操作，操作人员容易产生疲劳和厌烦情绪，发生人为失误，如进料不准造成原料压飞、模具移位、手进入危险区等，极易发生人身伤害事故，如图 2–6 所示。

图 2-5　宽松衣服被卷

图 2-6　压床压伤手

3）机床产生危险的原因

机床是高速旋转的切削机械，危险性很大。

（1）其旋转部分，如钻头、车床旋转的工件卡盘等，一旦与人的衣服、袖口、长发、围在颈上的毛巾、手上的手套等缠绕在一起，就会发生人身伤亡事故，如图 2–7 所示。

图 2-7 围巾被机床卷入

（2）操作者与机床相碰撞，如由于操作方法不当，用力过猛，使用工具规格不合适，均可能使操作者撞到机床上。

（3）操作者站的位置不适当，就可能会受到机械运动部件的撞击。例如，站在平面磨床或牛头刨床运动部件的运动范围内，就可能被平面磨床工作台或牛头刨床滑枕撞上。

（4）刀具伤人，如高速旋转的铣刀削去手指甚至手臂。

（5）飞溅的赤热钢屑、刀屑划伤和烫伤人体，飞溅的磨料和崩碎的切屑伤及人的眼睛。

（6）冷却液对皮肤的侵蚀，噪声对人体危害等。

4）起重机械产生危险的原因

主要危险有起重设备所吊物品坠落伤人。

（1）起重机械工作强度大，部件易磨损，构成隐患，起重机械工作高度及其载运物件质量大容易导致较严重事故，如图 2–8 所示。

（2）起重机械属周期间歇式工作的机械，其电气设备工作繁重、控制要求多、工作环境和条件差，比较容易发生故障，如图 2–9 所示。

图 2-8 起重质量过大导致事故

图 2-9 桥式起重机

（3）起重机械运动部件移动范围大，大多有多个运动机构，绝大多数起重机械本身就是移动式机械，易发生碰撞事故。

3. 机械伤害的主观原因和环境因素

任何机械与机械传动（转动、移动）的部位，都具有危险性。造成机械伤害的原因不外是疏忽、操作不当、不安全的环境等。归纳如下。

1）人员的疏忽与操作不当

（1）过度疲劳，导致精神不振。

（2）操作设备时不专心，导致操作错误或按错开关，如聊天、吃东西等。

（3）未经许可，擅自操作或修理机械。

（4）未依照工作程序或未正确操作机械，例如使用砂轮侧面研磨车刀，如图 2–10 所示 。

（5）工作对象固定不当，导致工件断裂或飞出。

（6）操作人员未使用辅助工具，直接以手将物料送进机器，例如操作钻床时，直接用手握持工件，如图 2–11 所示。

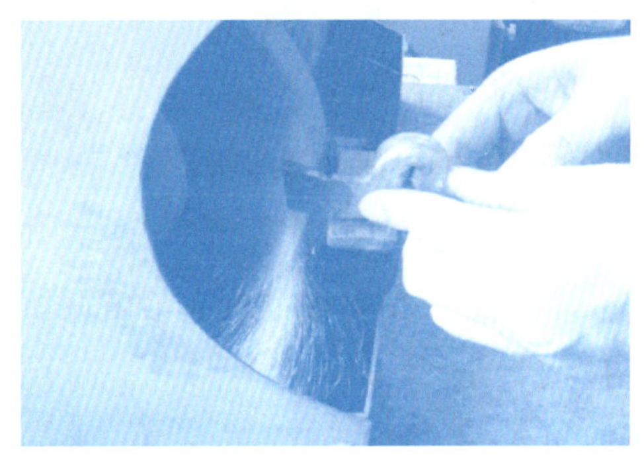

图 2 10 不可使用砂轮侧面磨车刀

图 2-11 操作钻床时直接用手握持工件

2）不安全的工作环境与管理疏失

（1）工作场所安全防护设施不足。例如机器运转时，受外物侵入或碰撞。

（2）工作场所不整洁、拥挤狭窄、物品杂乱。

（3）工作场所照明不足、通风不良、温度过高或过低。

（4）警告标示不明显（遭油污污染），或警告标示不足。

（5）工作人员未使用安全护具，未着连身工作服（宽松衣服容易导致意外）。

（6）车间主管、领导监督不力，或操作人员不遵照指示。

活动二　机械设备伤害的防护

小贴士　在学校实习工厂，操作钻床、车床、铣床等机器时，应佩戴安全眼镜、着工作服。严禁佩戴围巾、手套、随身听耳机等，以免发生意外。

1. 机械伤害的预防

机械伤害多是由于操作疏忽、安全观念不足、机械安全设施不足及工作环境不安全等因素所造成。因此，要防止机械伤害必须要做到：

1）安全的工作观念与方法，避免人为疏失

（1）建立工作安全分析表，了解工作中可能产生的危害。

（2）落实新进人员的岗前培训，加强安全工作技能。

（3）工作人员必须确实穿戴安全护具。

（4）操作人员必须详读机器操作手册，熟悉机器性能，并取得合格操作证件。

（5）定期进行安全培训，了解一旦发生意外的后果，增进安全观念。

2）使用安全的机器，加强机器的安全防护

（1）选用合格、安全的防护机器设备。

（2）机器设备必须由合格人员定期检修与维护。

（3）机器的安全防护设施不能妨碍操作人员的正常操作。

（4）选择自动化机器，减少人员操作。例如采用自动进料，可减少人员受伤的机会。

3）改善工作环境并加强管理

（1）提供个人防护器具，如安全眼镜、安全鞋，加强防护。如图2–12所示，操作研磨机时，使用绝缘手套与安全护罩，将使你更安全。

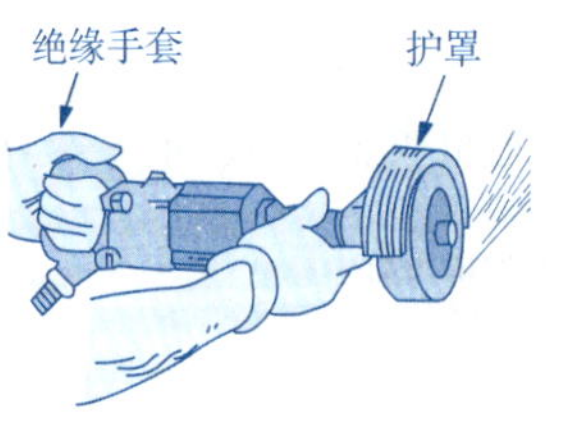

图2-12　使用个人护具与护罩

（2）改善工作环境，使照明充足、温湿度适中、降低噪声，减少疲劳。

（3）提供充足的空间，供机器运作及人员工作，危险的机器部位及场所，必须有明显的警告标示。

（4）工作环境必须适当规划，材料、工具、废料需分区放置。

（5）建立完善的机器维护制度，确实执行。

（6）如发生机器伤害事件，必须详细记录与分析原因，供操作安全教育使用，并降低人员恐惧。

2. 机械设备的防护

机械设备的防护，就是要防止人体与机器危险部位的互相接触，或是被工作产生的飞屑、碎片击伤；此外因人员疏忽、意外停电、机器故障等可能造成的伤害，也是机械设备防护所必须要关心的。

1）机械设备防护的特性与原则

安全的机械设备防护如图 2–13 所示，必须具备下列特性与原则：

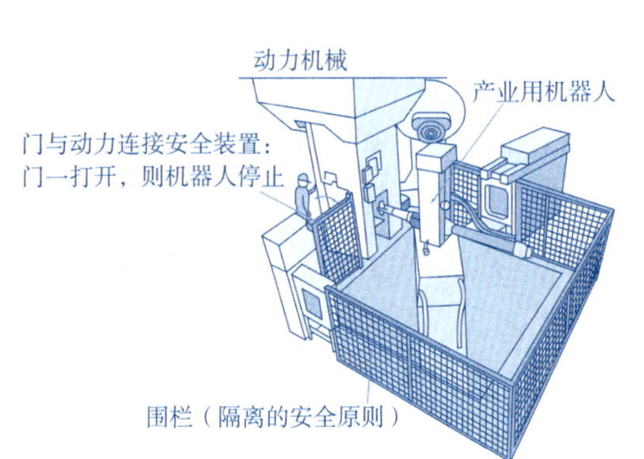

图 2-13　机械设备的防护

（1）能确实防止人员的伤害并不会妨碍正常的操作。

（2）具有足够的强度与可靠度，不会引发其他安全隐患。

（3）机器停止后，防护设备才能取下或打开。

（4）符合国家安全标准及相关工业安全卫生法令。

（5）防护设备应力求自动化，且容易使用及操作。

（6）防护设备应尽量避免减弱机器的工作性能与机器强度，也不会妨碍机器修理检查。

2）机械设备的防护部位

一般而言，机器对人体产生伤害的部位，主要在机器的操作点、机件移动部位及动力传递部位等，说明如下：

（1）操作点。绝大多数的机器伤害都是发生在操作点上，操作点又称工作点，是指机器对工件加工的部位。如钣金件的冲压及弯折等，因所加工的工作对象较大，危险部位在工作点上。常见的伤害为以手送料，未及时退出，导致手部伤害，如图 2–14 所示。

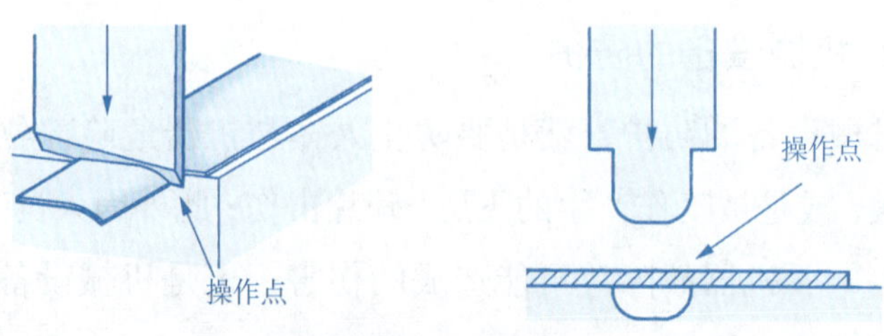

图 2-14　冲剪与冲压

（2）机件移动部位。一般常见的转动机件有凸轮、轮轴、飞轮、钻床、车床、砂轮机等；还有如锯床、圆锯机是利用机器的直线、往复、转动等方式来切割物料等。一旦操作不慎，容易造成手部的伤残，如图 2–15 所示。

（3）动力传递部位。如齿轮组、皮带轮、链条与链轮、输送带等，均有可能将人体夹入或卷入，所造成的伤害极为严重，必须加以特别注意与防范，如图 2–16 所示。

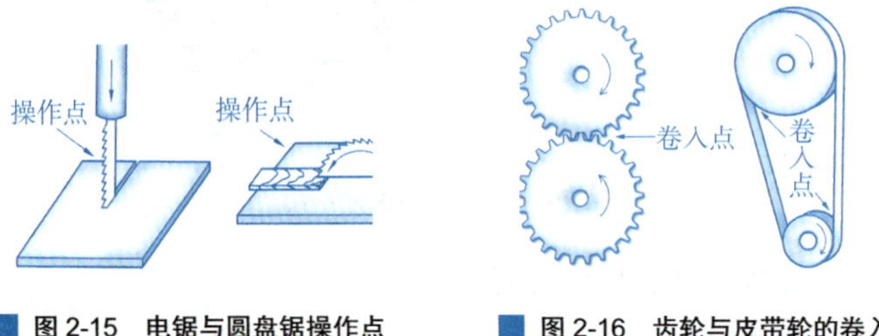

图 2-15　电锯与圆盘锯操作点　　图 2-16　齿轮与皮带轮的卷入

（4）其他。产生飞屑的机件，如钻床、车床、铣床等，切屑容易在切削时产生高温，并受机器转动部位的离心力飞射而出，如图 2–17 所示。切屑虽小但容易对操作者脸部、尤其是眼部造成伤害，操作者需佩戴护目镜。

机械本体或机件上凸出部位：机械设备上经常有凸出的螺母、键、尖锐的边缘，容易造成碰撞伤害。尤其是转动对象上的凸出物，如联轴器上的螺栓，必须要严加防护，如图 2–18 所示。

【案例】在使用抛光机抛光铜合页时，手没拿稳，工件在布轮上跑偏，滑到轴头上。手套被轴头螺纹绞住，将手套绞碎，手指绞伤。

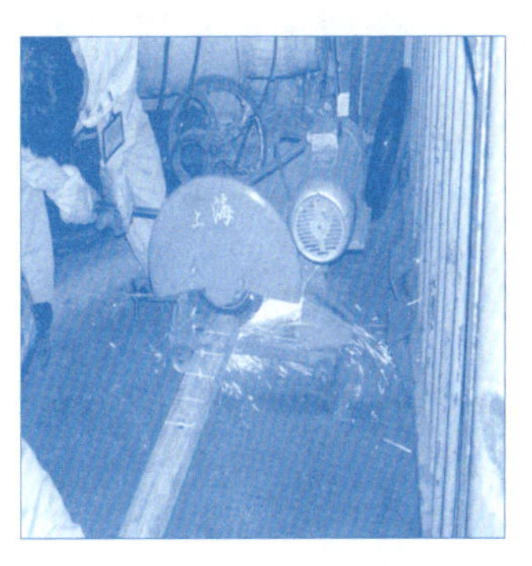

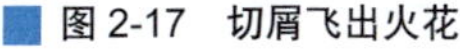

■ 图 2-17 切屑飞出火花

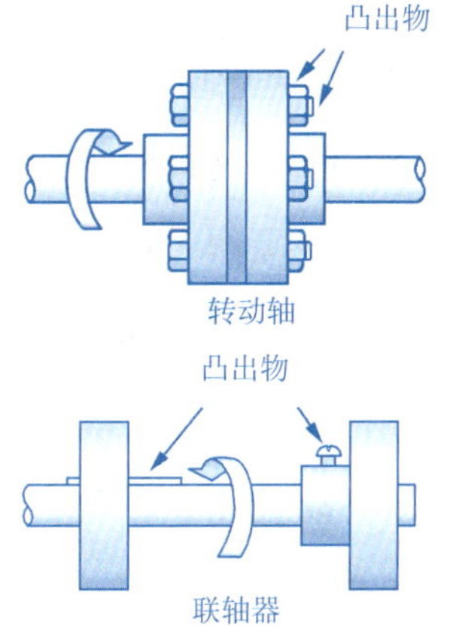

■ 图 2-18 机件上的凸出部位

3）常见机械设备的安全防护方法

（1）机器安全设计。在设计之初，便排除一切可能发生的职业灾害，防范于未然，不需再采用任何的安全防护装备。

（2）机器安全护罩。安全护罩主要是以封闭或者隔离的方式，防止人体碰触到机器危险部位，并避免受到加工飞屑的伤害。一般经常使用的安全护罩形式有：护罩、框架、栅门、围栏。如图 2–20 和图 2–21 所示。

■ 图 2-20 透明护罩

■ 图 2-21 单侧网状护罩

（3）动力连锁防护。连锁法就是“防护未装上，机器就无法启动；防护一取下，机器立即停止”的安全防护方法。动力连锁装置可单独使用，也可与安全护罩合并使用。

（4）感应式安全防护。感应式安全防护多与动力连锁防护配合使用，当人体进入机械危险区域时，触动感应装置，

【案例】在起重机的吊钩上设计防脱钩装置，如图 2–19 所示。

■ 图 2-19 起重机吊钩改善设计

【案例】淑女脚踏车在后轮加装护网（半罩式），以防将长裙卷入。

【案例】摩托车链条具有卷入及夹入的危险，采用固定式全罩型防护。

【案例】洗衣机脱水槽盖未盖妥时，脱水机无法启动；脱水中将槽盖打开，脱水机立即停止转动。

【案例】地铁在行驶途中，如车门意外开启，地铁将立即制动。

【案例】某些电风扇外罩一经手碰触，扇叶立即停止转动。

【案例】冲床工作区采用光电感应式安全装置，若人体手臂侵入危险区域时，因遮断感应光束，启动安全装置，冲床立即停止动作（图 2-22）。

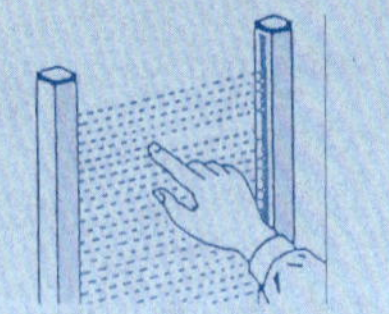

图 2-22 光感应装置

【案例】使用双手同时操作装置，操作人员必须双手同时按住两个分开按钮，机器才能启动，藉以避免手臂进入危险区，如图 2-23 所示。

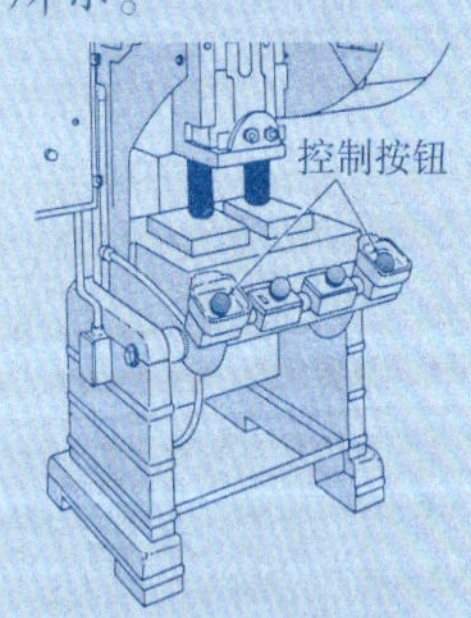

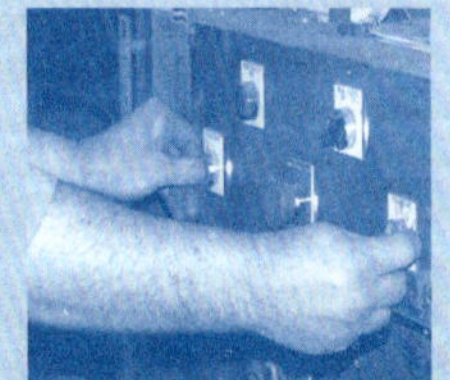

图 2-23 双手操作安全装置

机器立即停止操作或无法启动。一般常见的感应安全装置有触碰式、光电感应式、超声波感应式及电磁感应式等。

（5）机器式安全防护。机器式安全防护，是以机器连杆的原理，将操作人员的手臂拉开或扫开，使之远离工作危险区域；或是用双手同时操作装置时，机器才能启动。

（6）可移动栅栏。当机器开始操作或进入危险状态时，栅栏即自动关闭，以防止伤害。例如电梯的外门便是常见的自动防护装置。

（7）进出料安全防护。机器工作中，必须要不断地进料与出料，如果操作员以手进出材料，手臂经常进出危险区域，极易受到伤害。

①使用手工具代替手臂进出料。以手工具（如钳子、铗子、吸嘴）代替手臂进出料，避免手臂进入危险区域，如图 2-24 所示。

②采用半自动装置进出料。如转盘、漏斗、斜坡滑槽等，操作人员只需在旁边适时送料，不需进入危险区域。

③采用自动装置进出料。如采用输送带、机械推杆、卷送带压缩空气输送等，具备精确、速度快、效率高等优点，工作人员只需在旁边监督设备状况即可。

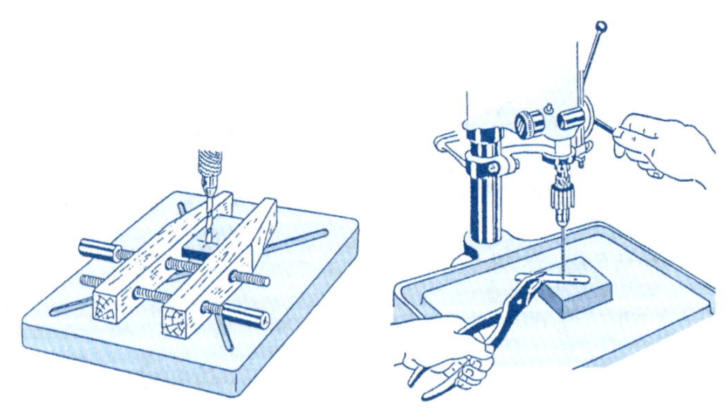

图 2-24 使用手工具代替手臂进出料

（8）紧急停止装置。紧急停止装置在必要时能立即停止机器的运作，如图 2-25 所示。其原理与动力连锁装置类似，能立即将运转中的机件锁住，并切断动力来源。紧急停止装置必须安装在操作员作业区域附近。

【案例】圆盘锯、车床等，操作者无须离开操作位置，即可操作紧急停止装置。

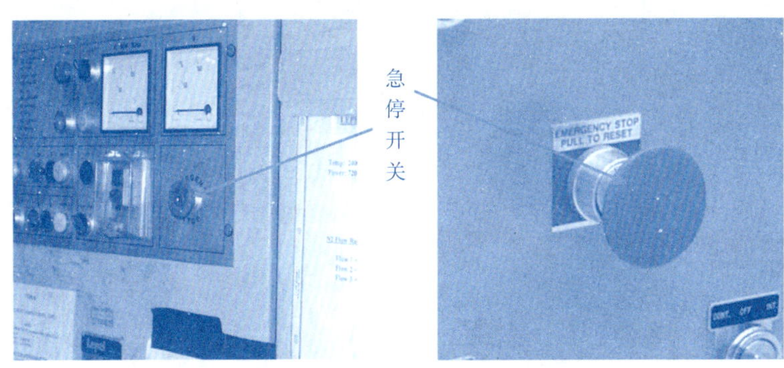

图 2-25　紧急停止装置

活动三　机械设备伤害的急救

在对机械设备进行操作时，如果出现事故，应及时进行处理和急救。

1. 拨打 120 急救电话

发现有人受伤后，必须立即停止运转的机械，向周围人员呼救，同时通知现场急救中心，以及拨打“120”等社会急救电话。报警时，应注意说明受伤者的受伤部位和受伤情况，事件发生的区域或场所，以便让救护人员事先做好急救的准备。

2. 逐级上报

人身伤害和突发环境事件应急工作组在组织应急抢救的同时，应立即上报项目安全生产应急领导小组，启动应急预案和现场处置方案，最大限度地减少人员伤害和财产损失。必要时，应立即上报当地政府有关部门，并请求支持和救援。

3. 现场包扎

由现场人员进行现场包扎、止血等措施，防止受伤人员流血过多造成死亡事故发生。

（1）手部受伤绷带包扎法如图 2-26 所示。

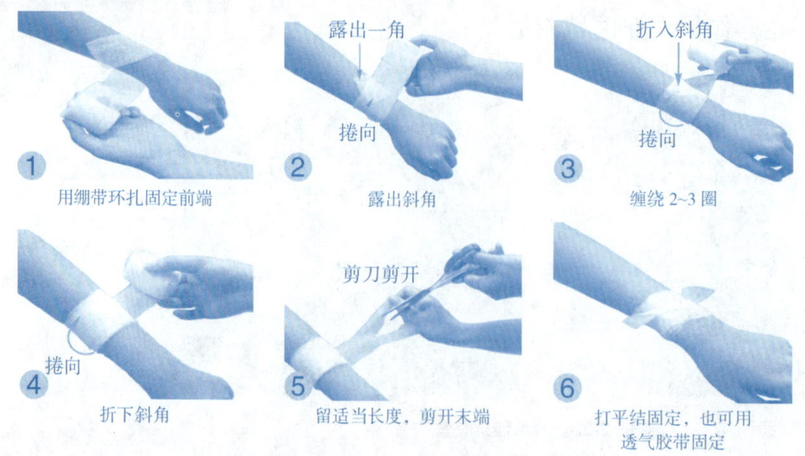

图 2-26 手部受伤绷带包扎方法

（2）头部受伤的三角巾包扎法如图 2-27 所示。

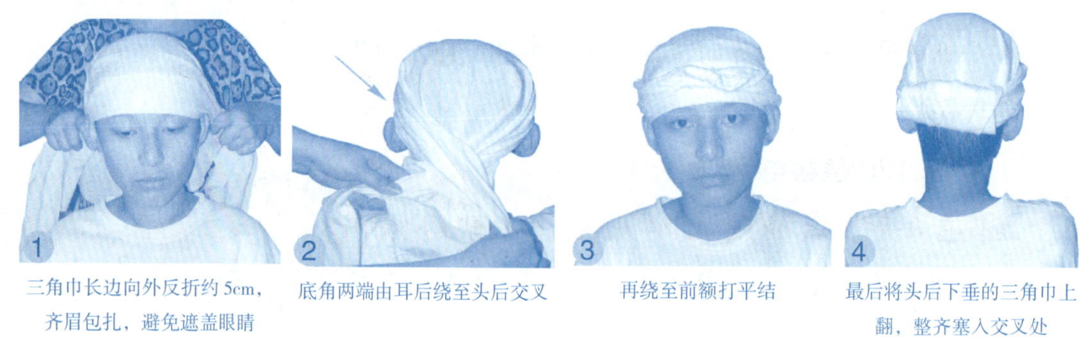

图 2-27 三角巾包扎法

4. 伤口止血、止痛

发生断手、断指等严重伤害时，对伤者伤口要进行包扎止血、止痛、进行半握拳状的功能固定。对断手、断指应用消毒或清洁敷料包好，忌将断指浸入酒精等消毒液中，以防细胞变质。将包好的断手、断指放在无泄漏的塑料袋内，扎紧袋口，在袋周围放上冰块，或用冰棍代替，同时速将伤者送医院抢救。

5. 切掉设备电源

肢体卷入设备内，必须立即切断电源，如果肢体仍被卡在设备内，不可用倒转设备的方法取出肢体，妥善的方法是拆除设备部件，无法拆除时拨打当地 119 请求社会救援。

发生头皮撕裂伤可采取以下急救措施：及时对伤者进行抢救，采取止痛及其他对症措施，及时送医院治疗；受伤人员出现肢体骨折时，应尽量保持受伤的体位，由现场医务人员对伤肢进行固定，并在其指导下采用正确的方式进行抬运，防止因救助方法不当导致伤情进一步加重，如图2-28所示；受伤人员出现呼吸、心跳停止症状后，必须立即进行心脏按压或人工呼吸。

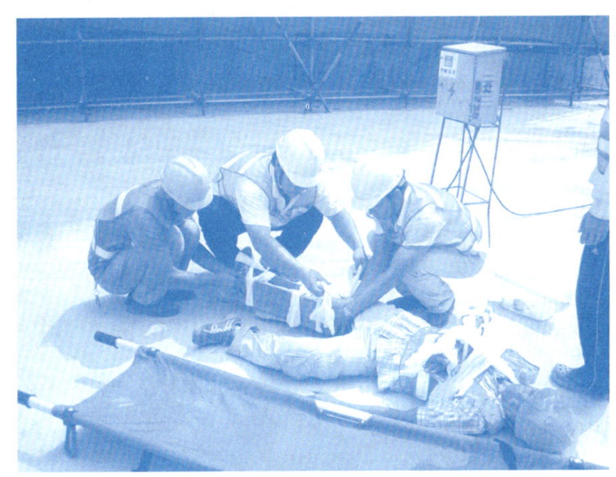

图 2-28 骨折固定

6. 保护现场

在做好事故紧急救助的同时，应注意保护事故现场，对相关信息和证据进行搜集和整理，做好事故调查工作。

任务二 电气设备安全与防护

在今日，电气化的机械与设备已经成为制造业不可或缺的生产要素之一，但员工在使用电气设备时，常因用电安全知识的不足、使用上的疏忽、电气设备的维护不良、设备质量不安全等原因，而发生电气灾害，其中以触电最常见。

活动一 电气设备伤害的原因分析

随着电能应用的不断拓展，以电能为介质的各种电气设备广泛进入企业、社会和家庭生活中，与此同时，使用电气设备所带来的不安全事故也不断发生。为了实现电气安全，对电网本身进行安全保护的同时，更要重视用电的安全问题。

【案例】一名服务于快餐店的18岁男性员工，在工作时触电死亡。当时他正屈膝将烤面包机的插头插入安装在地板上的插座，但地板刚被湿拖把清洁过，该员工因为触摸潮湿的插座，而发生了触电事故，当时另一位员工企图拯救触电者，可是他自己却也遭受到电击。这是典型的触电事故。

因此，学习安全用电基本知识，掌握常规触电防护技术，是保证用电安全的有效途径。

电气设备灾害有两个方面的危害：一方面是对系统自身的危害，如短路、过电压、绝缘老化等；另一方面是对用电设备、环境和人员的危害，如触电、电气火灾、电压异常升高造成用电设备损坏等，其中尤以触电和电气火灾危害最为严重。触电可直接导致人员伤残、死亡。另外，静电产生的危害也不能忽视，它是电气火灾的原因之一，对电子设备的危害也很大。

电气设备灾害的类型有触电伤害、电气火灾、静电灾害等。明白灾害的种类才能确实避免电气设备灾害。

1. 触电伤害

身体因触碰到带电的导线或设备，而产生的伤害，称为触电伤害，如图 2-29 所示。伤害程度和触电部位，与通过人体电流的频率、路径、大小、时间和人体体重等有关。

图 2-29 触电伤害

1）电伤

电伤是指电流的热效应、化学效应、机械效应及电流本身作用造成的人体伤害。电伤会在人体皮肤表面留下明显的伤痕，常见的有灼伤、电烙伤和皮肤金属化等现象。

2）电击

电击是指电流通过人体内部，破坏人体内部组织，影响呼吸系统、心脏及神经系统的正常功能，甚至危及生命。在触电事故中，电击和电伤常会同时发生。

3）影响触电危险程度的因素

（1）电流大小对人体的影响。通过人体的电流越大，人体的生理反应就越明显，感应就越强烈，引起心室颤动所需的时间就越短，致命的危害就越大。按照通过人体电流的大小和人体所呈现的不同状态，工频交流电大致分为下列三种：

①感觉电流。指引起人的感觉的最小电流（1~3mA）。

②摆脱电流。指人体触电后能自主摆脱电源的最大电流（10mA）。

③致命电流。指在较短的时间内危及生命的最小电流（30mA）。

（2）电流的类型。工频交流电的危害性大于直流电，因为交流电主要是麻痹破坏神经系统，往往难以自主摆脱。一般认为 40 ~ 60Hz 的交流电对人危害最大。随着频率的增加，危险性将降低。当电源频率大于 2000 Hz 时，所产生的损害明显减小，但高压高频电流对人体仍然是十分危险的。

通过人体电流与所造成的伤害关系见表 2-1。

通过人体电流与所造成的伤害关系 表 2-1

电流（mA）						感电结果
直流		60Hz 交流		1000Hz 交流		
男	女	男	女	男	女	
5.2	3.5	1.1	0.7	12	8	感知电流，开始有刺激
62	41	9	6	55	37	可脱逃电流，肌肉尚可自由活动
74	50	16	10.5	75	50	无法脱逃电流，肌肉无法自由活
90	60	23	15	94	63	休克电流，肌肉收缩，呼吸困难
500	500	100	100	500	500	心脏麻痹电流，心室痉挛，呼吸停止

（3）电流的作用时间。人体触电，通过电流的时间越长，越易造成心室颤动，对生命的危害就越大。据统计，触电 1 ~ 5min 内急救，90% 有良好的效果，10min 内 60% 救生率，超过 15min 希望甚微。

触电保护器的一个主要指标就是额定断开时间与电流乘积小于 30mA · s。实际产品一般额定动作电流为 30mA，动作时间为 0.1s，故小于 30mA ·s 可有效防止触电事故。

（4）电流路径。电流通过头部可使人昏迷；通过脊髓可能导致瘫痪；通过心脏会造成心跳停止，血液循环中断；通过呼吸系统会造成窒息。因此，从左手到胸部是最危险的电流路径；从手到手、从手到脚也是很危险的电流路径；从脚到脚是危险性较小的电流路径。

（5）人体电阻。人体电阻是不确定的电阻，皮肤干燥时一般为 100 kΩ 左右，而皮肤一旦潮湿可降到 1kΩ。人体不同，对电流的敏感程度也不一样，一般地说，儿童较成年人敏感，女性较男性敏感。患有心脏病者，触电后的死亡可能性就更大。

（6）安全电压。安全电压是指人体不戴任何防护设备时，触及带电体不受电击或电伤的电压。人体触电的本质是电流通过人体产生了有害效应，然而触电的形式通常都是人体的两部分同时触及了带电体，而且这两个带电体之间存在着电位差。因此在电击防护措施中，要将流过人体的电流限制在无危险范围内，也即将人体能触及的电压限制在安全的范围内。国家标准制定了安全电压系列，称为安全电压等级或额定值，这些额定值指的是交流有效值，分别为：42V、36V、24V、12V、6V 等几种。

4）常见的触电原因

常见触电形式有：身体触及带电体，或触及绝缘不良的电气设备；未依法正确设置电气设备及线路，使工厂内照明不足，因而造成作业场所之不安全设备或环境；不安全动作，例如不正当操作电气设备、操作时重心不稳误触带电体、未穿戴防护具、赤膊、赤脚等。

身体或所持的金属材料和线路间没有保持适当的安全距离。电气设备操作人员的身体或所持金属材料和线路间的安全距离见表 2–2。

电气设备操作人员的身体或所持金属材料和线路间的安全距离　　表 2-2

电路的电压（kV）	22.8及以下	34.5	69	161	345
安全距离（cm）	60	70	80	170	300

人体触电主要原因有三种：直接接触带电体、间接接触带电体以及跨步电压。直接接触又可分为单极接触和双极接触。

（1）单极触电。当人站在地面上或其他搭铁体上，人体的某一部位触及一相带电体时，电流通过人体流入大地（或中性线），称为单极触电，如图 2–30 所示。

（2）双极触电。双极触电是指人体两处同时触及同一电源的两相带电体，以及在高压系统中，人体距离高压带电体小于规定的安全距离，造成电弧放电时，电流从一相导体流入另一相导体的触电方式，如图 2–31 所示。

（3）间接接触触电。电气设备在正常运行时，其金属外壳或结构是不带电的。当电气设备绝缘损坏而发生搭铁短路故障（俗称“漏电”）时，其金属外壳便带有电压，人体触及意外带电体便会发生触电，称为间接接触触电。

（4）跨步电压触电。当带电体接地时有电流向大地流散，在以搭铁点为圆心，半径 20 m 的圆面积内形成分布电位。人站在搭铁点周围，两脚之间（以 0.8 m 计算）的电位差称为跨步电压 U_k，如图 2–32 所示，由此引起的触电事故称为跨步电压触电。高压故障接地处，或有大电流流过的接地装置附近都可能出现较高的跨步电压。离搭铁点越近、两脚距离越大，跨步电压值就越大，一般在搭铁点 10m 以外就没有危险。

图 2-30 单极触电　　图 2-31　双极触电　　图 2-32　跨步电压触电

2. 电气火灾

电线具有电阻值，当电流通过电线时，会产生热量，如图 2–33 所示。若通过的电流量太大，产生的热量将使电线温度急速上升，将电线绝缘皮烧毁，最后造成电线走火而引发火灾。

1）安装设备时应注意的事项

（1）灯泡或其他电热装置，切勿靠近易燃物品（如油料、易燃原料）。

（2）用电不可超过电线许可的负荷能力。

（3）增设大型电器时，应先重新装设厂内配线（增大容量）后再使用。

（4）切勿利用分叉或多口插座，同时使用多项机器设备，如图 2–34 所示。

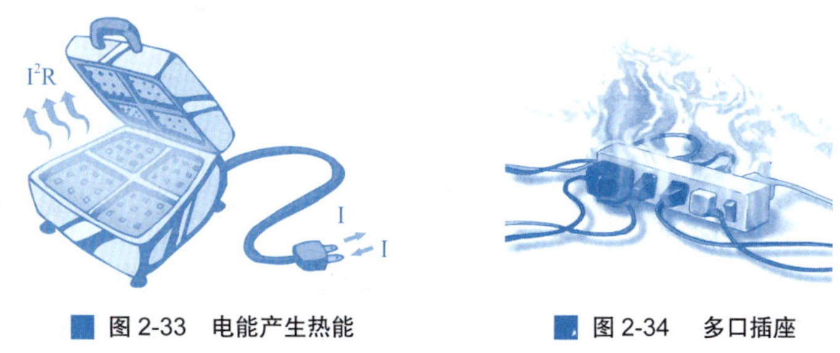

图 2-33　电能产生热能　　图 2-34　多口插座

（5）设备电线，不可通过地毯或挂在易燃物上。

2）使用设备应注意的事项

（1）使用设备时，千万不可因事分心，或突然离开忘了关闭。

（2）老旧的设备，因绝缘劣化可能漏电，或因虫鼠咬伤配线，容易发生火花，引起燃烧或爆炸，应特别维护及检查。

（3）电器插头务必插牢，不能松动，以免发生火花引燃附近物品。

（4）停工、休假时，应将厂内电器关闭。

（5）电气房及电源开关附近，应置备四氯化碳或干粉灭火器，以资防火。电气火灾，可用干粉或二氧化碳灭火器扑灭。

3. 静电灾害

物体摩擦都有可能产生静电（图 2–35）。例如天上云层摩擦便会产生静电，累积到一定程度便会放电（打雷）。物体摩擦产生静电时，由于没有宣泄的管道（例如未搭铁线），电荷会持续在物体表面累积，持续累积的电荷会使物体表面电压持续升高，当碰触到物体时（形成电流回路）便会放电，并可能产生火花。静电放电的火花，能使汽油、粉尘发生爆炸及起火。要防止静电灾害除了要避免不必要的摩擦外，重要设施一定要有搭铁线。

图 2-35　衣服产生静电

加油站的加油枪因加油时会与汽油摩擦，为避免静电累积，加油枪需作搭铁处理。否则加油枪上持续累积静电，在加油时碰触到车辆，极易因加油枪与车辆电位不同，放电而发生火花。由此可见静电防治的重要。

活动二　电气设备伤害的防护

电气设备带来生活上的便利、工业的进步、经济的繁荣，但是如果电力使用不当，除了财产的损失之外，极可能造成人命的伤亡。

1. 电气安全防护器具

1）绝缘手套

绝缘手套可以使人的两手与带电体绝缘，是用特种橡胶（或乳胶）制成的（图2–36），分12kV（试验电压）和5kV两种。绝缘手套是不能用医疗手套或化工手套代替使用的。绝缘手套一般作为辅助安全用具，在1kV以下电气设备上使用时可以作为基本安全用具看待。

2）绝缘靴

绝缘靴采用特种橡胶制成（图2–37），作用是使人体与大地绝缘，防止跨步电压，分20kV（试验电压）和6kV两种。它的高度不小于15cm，而且上部需另加高边5cm。绝缘靴必须按规定进行定期试验。

3）绝缘鞋

绝缘鞋有高低腰两种（图2–37），多为5kV，在明显处标有“绝缘”和耐压等级，作为1kV以下辅助绝缘用具，1kV以上禁止使用。注意绝缘鞋在使用中，不能用防雨胶靴代替。

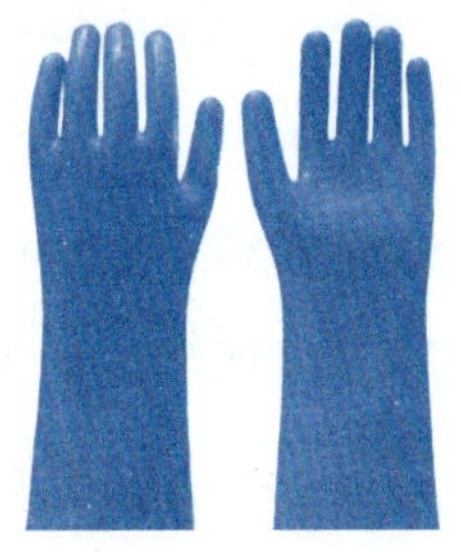

图2-36　绝缘手套

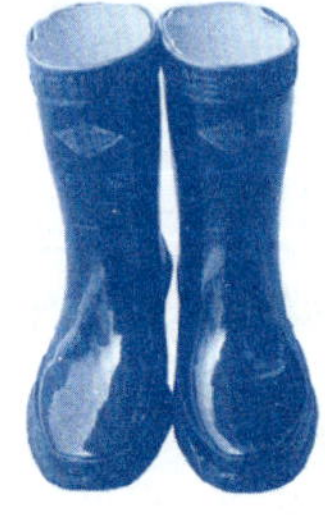

图2-37　绝缘靴和绝缘鞋

4）绝缘垫

绝缘垫一般铺在控保屏、高压开关柜、配电室的地面上，以便在带电操作时增强操作者的对地绝缘，也应按规定进行定期试验。

5）绝缘台

绝缘台台面一般用干燥、木纹直且无节的木板制成，台面尺寸约100cm×100cm，中间留有2cm左右的缝隙；绝缘脚一般用不小于10cm的高压支持瓷瓶做成。绝缘台也应按规定进行定期试验。

6）绝缘棒

绝缘棒又称令克棒、绝缘拉杆、操作杆等，一般用电木、胶木、环氧玻璃管或棒制成，由工作头、绝缘杆和握柄三部分构成，如图 2–38 所示。

7）搭铁线

搭铁线应用多股软铜线（图 2–39），其截面应符合短路电流的要求，但不得小于 $25mm^2$。当验明设备确已无电压后，立即用搭铁线将检修设备搭铁并三相短路。这是保护工作人员在工作地点防止突然来电的可靠安全措施，同时设备断开部分的剩余电荷，也可因搭铁而放尽。

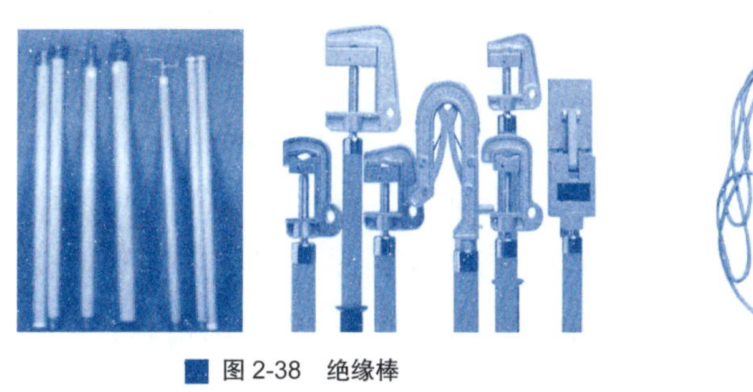

图 2-38 绝缘棒

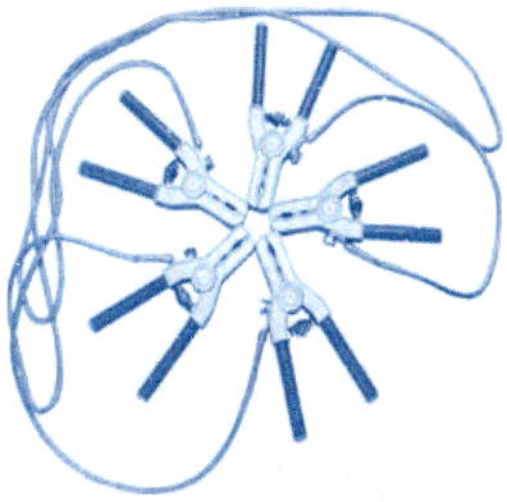

图 2-39 接地线

8）绝缘遮拦

绝缘遮拦分为固定遮拦和活动遮拦两大类（图 2–40）。多用干燥木材制作，高度一般不小于 1.7m，下部离地面小于 10cm，上面设有“止步，高压危险”警告标志。新型绝缘遮拦采用高强度、强绝缘的环氧绝缘材料制作，具有绝缘性能好、机械强度高、不腐蚀、耐老化的优点，用于电力系统各电压等级变电站中，防止工作人员走错间隔，误入带电区域。

9）近电报警安全帽

用于防止工作人员误登带电杆塔用的无源近电报警安全帽（图 2–41），属于音响提示型辅助安全用具。当工作人员佩戴此安全帽登杆工作中误登带电杆塔，人员与高压设备距离小于《电业安全工作规程》规定的安全距离时，安全帽内部的近电报警装置立即发出报警音响，提醒工作人员注意，防止误触带电设备造成人员伤亡事故。戴安全帽时必须系好带子。

10）安全带

安全带材料多采用锦纶、维纶、涤纶等，根据人体特点设计成防止高空坠落的安全用具。《电业安全工作规程》中规定凡在离地面 2m 以上的地点进行工作即为高处作业，高处作业时，应使用安全带，如图 2–42 所示。

每次使用安全带时，必须作一次外观检查，在使用过程中，也应注意查看，在半年至一年内要试验一次，以主部件不损坏为符合要求。如发现有破损变质情况及时反映并停止使用，以保操作安全。

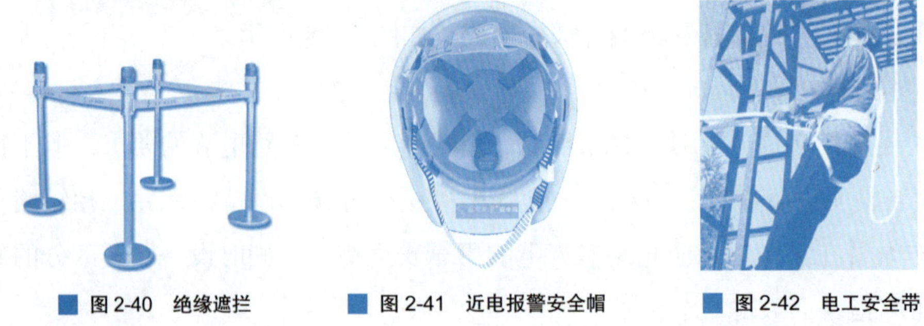

图 2-40　绝缘遮拦　　图 2-41　近电报警安全帽　　图 2-42　电工安全带

2. 安全标识

1）安全色

安全色是指传递安全信息含义的颜色，包括红、蓝、黄、绿四种颜色。红色表示禁止、停止、危险以及消防设备的意思；蓝色表示指令，要求人们必须遵守规定；黄色表示警告、提醒人们注意；绿色表示给人们提供允许、安全的信息。

2）对比色

对比色是指使安全色更加醒目的反衬色，包括黑、白两种颜色。

由安全色、几何图形和图形符号构成的、用以表达特定安全信息的标记称为安全标志，如图 2-43 所示。安全标志的作用是引起人们对不安全因素的注意，预防发生事故。安全标志分为禁止标志、警告标志、指令标志和提示标志四类。

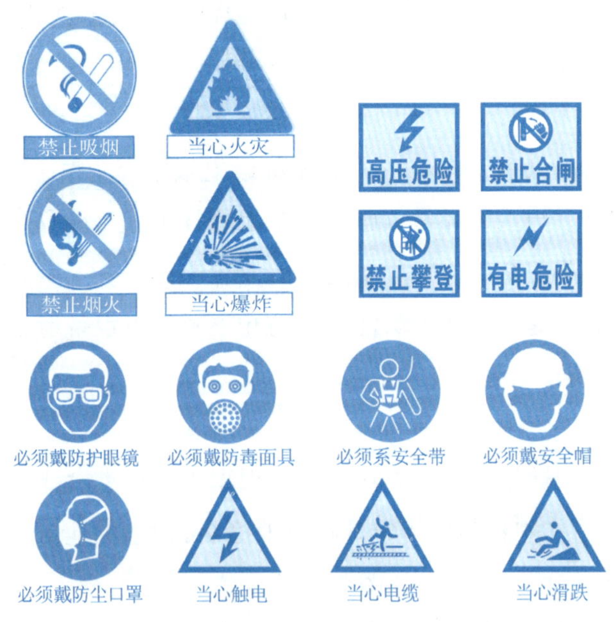

图 2-43　安全标志

3. 遵守规则

根据员工安全与卫生设施规则，工厂用电设施应注意下列事项：

（1）发电室或变电室等，非工作人员不得任意进入。电气设备的装设与维护（包括修理、换熔断器等），非电气技术人员不得担任。

（2）为调整电动机械而停电，在其开关切断后，须立即上锁或挂牌标示并签字。复电时，应由原挂签人取下安全挂签后，方可复电，以确保安全。

（3）切断开关应迅速，不得以湿手或潮湿的操作棒操作开关。拔卸电气插头时，应从插头处拉出，不可拉扯电线。

（4）拆除或接装熔断器以前，应先切断电源。不得使用未知或不明规格的工业用电气设备。

（5）如遇电气设备或电路着火时，须用不导电的灭火设备。

活动三　电气设备伤害的急救

电气设备造成的伤害事故主要是触电事故，事故现场急救方法如下。

1. 迅速脱离低压电源

（1）切断电源（图 2–44）。

（2）挑开电源线（图 2–45）。

图 2-44　切断电源

图 2-45　挑开电源线

2. 简单诊断

（1）观察呼吸是否存在。

（2）检查心跳是否存在。

（3）查看瞳孔是否扩大。

（4）对症救治措施见表 2–3。

对症救治措施　　表 2-3

项　目	神志情况	心跳	呼吸	对症救治措施
解脱电源	清醒	存在	存在	使静卧，保暖，严密观察
	昏迷	存在	存在	严密观察，做好复苏准备，立即护送医院
进行抢救并通知医疗部门	昏迷	停止	存在	体外心脏按压来维持血液循环
	昏迷	存在	停止	口对口人工呼吸来维持气体交换
	昏迷	停止	停止	同时进行心脏体外挤压和口对口人工呼吸

3. 口对口（口对鼻）人工呼吸法

在保持触电者仰头抬颏前提下，抢救者将患者鼻孔闭紧，用双唇密封包住触电者的嘴，做两次全力吹气，同时用眼睛余光观察触电者胸部，操作正确应能看到触电者胸部有起伏并感到有气流逸出，如图 2-46 所示。

抢救者首先深呼吸，然后吹气 2s 再间隔 2 ~ 3s 依次循环，保证触电者每次胸部抬起;700 ~ 1000mL/ 次，在这个时间抢救者应自己深呼吸一次，以便继续口对口呼吸，直至专业抢救人员的到来。

4. 胸外心脏按压

胸外心脏按压方法如图 2-47 所示。

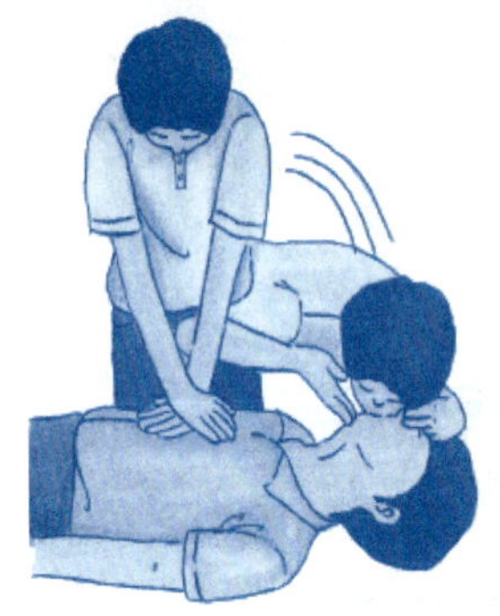

图 2-46　人工呼吸法

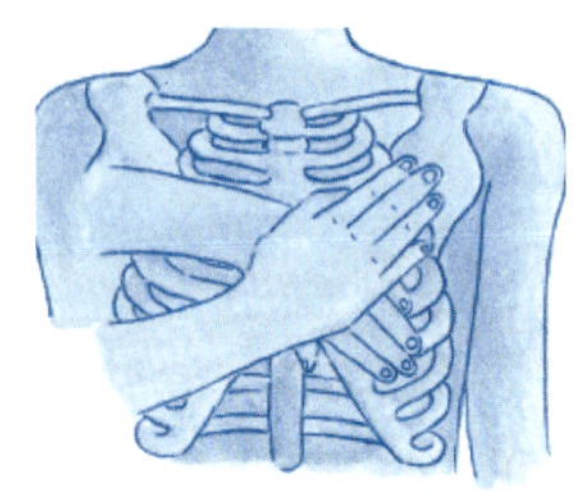

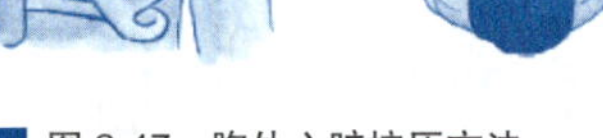

图 2-47　胸外心脏按压方法

（1）触电者头、胸处于同水平，最好躺在坚硬平面上。

（2）按压位置：胸骨中下 1/3 交界处。

（3）下压 3.5 ~ 4.5cm，按压时手指不得压在胸壁上，以免引起肋骨骨折；抬时手不离胸，以免移位；垂直按压，以免压力分散。

（4）按压与放松时间相等，用力均匀，每分钟按压 100 ~ 120 次，直至恢复心跳呼吸。

（5）成人与婴儿及儿童的急救方法比较，见表 2-4。

成人与婴儿及儿童的急救方法比较　　表 2-4

项　目	婴儿（1岁以下）	儿童（1～8岁）	成人（8岁以上）
按压方法	将食指抬起，中指、无名指并拢用力垂直向下挤压	食指、中指沿肋弓向上滑到双侧肋弓的汇合点，中指定位于下切际，食指紧贴中指	食指、中指沿肋弓向上滑到双侧肋弓的汇合点，中指定位于下切际，食指紧贴中指
下陷深度	1.5～2.5cm	2.5～4cm	4～5cm
按压频率	110～120次/min	100次/min	100次/min
按压与呼吸比例	5：1	30：2	双人：5：1 单人：15：2
按压部位	胸骨中部	胸骨中部	胸骨中下1/3交界处

2

5. 急救注意事项

（1）“急救”要尽快地进行，不能只等候医生的到来，在送往医院的途中也不能中断急救。

（2）生命支持（BLS）的“黄金时刻”：在死亡边缘的患者，BLS 的初期 4 ～ 10min 是病人能否生存关键的“黄金时刻”，决定着抢救程序是否继续进行。每延误 1min，室颤性心搏骤停的存活率便降低 7% ~10%；若有救护者，心搏骤停的存活率可显著提高。

6. 救护后的处理

（1）拨打 120 电话求救。

（2）在专业医护人员未到场之前，应保持复苏后的触电者周围空气流通并对其采取保暖措施，同时尝试帮助触电者恢复意识和留意触电者的情况。

（3）在专业医护人员到场之后，应对医护人员说明第一急救过程及触电者的受伤情况等，以便医护人员迅速有效地了解触电者的受伤情况等，做出最快速地、最专业的判断，对触电者进行最有效的救护治疗工作。

任务三　典型案例分析

案例一　拉丝工机械事故

2004 年 2 月 2 日 7 时 30 分某工厂工人开始上班。上班后，车间主任对在岗员工进行分工，冷拉车间共有 9 人在岗，其中盘圆拉丝工 1 人，其他人员都在冷拉大车间工作。拉丝工邵某操作一台卧式拉丝机（图 2–48），工作程序是把直径为 6.5mm 的圆钢拉成直径为 6mm 的圆钢。他操作拉丝机将第三盘圆钢快要拉完时，发现拉丝机运转不正常，判断机械有故障。他没有采取任何安全防护和断电停机措施，就伸手排除拉丝机故障，不小心其左手、右手和上半截身体被卷进拉丝机。事故示意如图 2–49 所示。

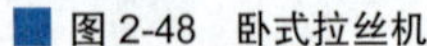

图 2-48　卧式拉丝机

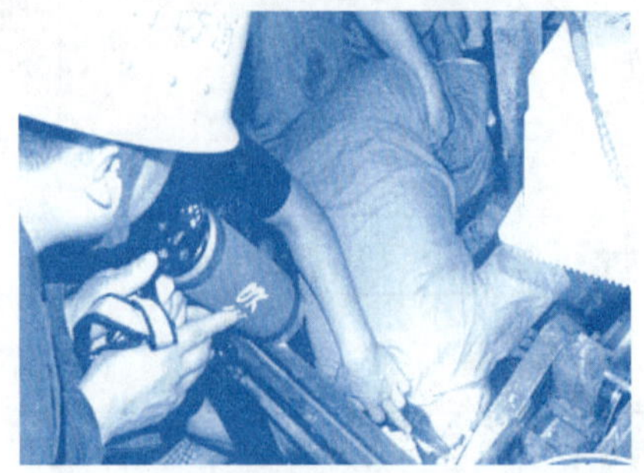

图 2-49　事故现场示意

【分析】

1. 原因分析

1）直接原因

拉丝机操作工邵某安全意识薄弱，违规操作，是这起事故的直接原因。工厂 2003 年 1 月制定的《卧式拉丝机安全操作规程》明确规定：正常工作时操作人员必须站在开关部位启动开关，碰到特殊情况立即停机；设备正常运行时，操作人员不得接近滚筒，更不允许用手摸拉制的钢材。拉丝工邵某于 2003 年 3 月经公司招聘熟练工种被录用，招工时据邵某本人介绍其从事拉丝工已有十多年。邵某在处理拉丝机故障时，没有断电关机，不该伸手排除故障，导致不小心将身体被拉丝机绞进而死亡（图 2–50）。

图 2-50　未断电不能检修设备

2）间接原因

（1）拉丝机定位不合理。正常生产时，车间里的噪声比较大，中间又有一道隔墙，拉丝机又是一个人独自生产和操作，一旦有异常情况，其他人不易及时发现。

（2）执行操作规程不到位。公司制定的安全操作规程，没有深入人心，工人没有严格执行安全操作规程，公司没有针对生产中出现的事故隐患组织工人经常学习和讨论安全生产问题。

（3）安全防护措施不到位。在安全防护措施上没有采取隔绝的措施，如果装设防护栏并用锁加以控制，即可使操作人员无法擅自进入拉丝机和电动机卷筒部位。

2. 防范措施

（1）建立健全安全组织网络，明确专人抓安全生产工作，层层落实安全生产责任制。

（2）组织好全体员工的安全教育和培训，使其不断增强安全意识和自我保护意识。

（3）认真吸取事故教训，结合本单位的工作实际，修订、充实安全生产各项管理制度和操作规程，做到有章可循、依规作业。

（4）按照国家有关规定，按时给生产工人发放合格的劳动防护用品，并监督佩戴。

（5）开展安全大检查，认真整改机械传动防护，查找安全用电、安全防火等事故隐患，以防重大事故和其他事故的发生。

案例二　某建筑公司敲帮问顶事故

某矿建公司第五项目部某队施工某回风巷，某日 8 时班巷道正在构造区掘进，茬岩处顶板破碎，巷道空顶 2.3m，用道木做临时支护。接班后，跟班队长刘某和胡某进行了敲帮问顶，跟完顶帮后，就开始出矸。由于右帮欠挖，领钎工胡某用风镐凿右帮，这时耙岩机司机张立贞去正前往左帮倒尾轮。张某走到距正前 1.5m 处弯腰拉耙岩机机绳时，顶板掉落下一块 700mm × 500mm × 210mm 的矸石，打在张某的头部和后背上，旁边的胡某右手被掉落的另一块 1200mm × 500mm × 400mm 的矸石挤压。张某经抢救无效死亡，胡某轻伤。事故现场示意如图 2–51 所示。

图 2-51　敲帮问顶事故现场

【分析】

1. 原因分析

（1）张某违章进入空顶下作业，被掉落的矸石砸伤致死。

（2）巷道顶板破碎的情况下，没有及时支护。

（3）遇地质构造问题汇报不及时，没有采取合理的加强支护措施。

2. 防范措施

（1）掘进工作面必须严格按作业规程支设临时支护，严禁空顶作业。

（2）严禁放起身炮，放完炮后必须及时支护。

（3）揭露地质构造后应及时汇报调度，企业安排相关业务部门现场勘查，确定地质构造性质、延伸方向及影响范围，提出专项地质预报，制定专项安全技术措施。

案例三　非电工私自接线，电源箱漏电人亡

小预制厂的班长对民工党某说："等一会接电源时去找电工。"但党某没找电工，而是自己私自给移动式铁壳电源箱接线。当其一手扶电源箱壳体，一手接线时，因箱体带电，触电跌倒，面部朝上，脚穿布鞋，躺在刚下过雨的地上。电源箱倒压在其胸部。党某(男,21岁,力工)因触电时间过长，经抢救无效死亡。触电示意图如图2-52所示。

图2-52　模拟触电时刻

【分析】

1.原因分析

（1）党某不听班长指挥，违章作业，非电工私自接线，把从铁壳电源箱上引出的黑色（电工为零线做有标记）零线错误地接到C相线上，造成铁质移动式电源箱外壳带电，是事故发生的直接原因。

（2）对民工安全教育不够，要求不严，是事故发生的原因之一。

2.防范措施

（1）严格施工用电管理，非电工不得从事电气作业。

（2）加强安全思想教育和劳动纪律教育。

项目小结

（1）机械是若干零部件的组合体，一般由动力部分、工作部分和传动部分组成。

（2）一般常见的机械伤害有刺伤或割伤、磨伤或擦伤、切伤或剪伤、夹伤或卷伤、撞击伤害。

（3）任何机械与机械传动（转动、移动）的部位，都具有危险性。造成机械伤害的原因不外是疏忽、操作不当、不安全的环境、不安全的机械设备等。

（4）要防止机械伤害必须要做到安全的工作观念与方法，避免人为疏失；使用安全的机器，加强机械的安全防护；改善工作环境并加强管理。

（5）机械设备的防护，就是要防止人体与机械危险部位的互相接触，或是被工作产生的飞屑、碎片击伤，此外因人员疏忽、意外停电、机械故障所可能造成的伤害，

也是机械设备防护所必须要关心的。

（6）机械转动的部位很可能将工作者的头发、衣袖、手套、宽松的衣服甚至四肢卷入，同时也可能造成擦伤撞伤等伤害，必须加以特别注意与防范。

（7）发现有人受伤后，必须立即停止运转的机械，向周围人员呼救，同时通知现场急救中心以及拨打“120”等社会急救电话。

（8）由现场人员进行现场包扎、止血等措施，防止受伤人员流血过多造成死亡事故发生。

（9）电气设备灾害的类型有触电伤害、电气火灾和静电灾害等。

（10）身体因触碰到带电的导线或设备，而产生的伤害称为触电伤害。伤害程度和触电部位，与通过人体电流的频率、路径、大小、时间、人体体重等有关。

（11）人体触电主要原因有三种：直接接触触电、间接接触触电和跨步电压触电。直接接触又可分为单极接触和双极接触。

（12）电线具有电阻值，当电流通过电线时，会产生热量。若通过的电流量太大，产生的热量将使电线温度急速上升，将电线绝缘皮烧毁，最后造成电线走火而引发火灾。

（13）物体摩擦都有可能产生静电，静电放电的火花，能使汽油、粉尘发生爆炸及起火。

（14）传递安全信息含义的颜色，包括红、蓝、黄、绿四种颜色。红色表示禁止、停止、危险以及消防设备的意思；蓝色表示指令，要求人们必须遵守的规定；黄色表示警告、提醒人们注意；绿色表示给人们提供允许、安全的信息。

（15）在死亡边缘的患者，BLS 的初期 4 ~ 10min 是病人能否生存的关键的“黄金时刻”，决定着抢救程序是否继续进行。每延误 1min，室颤性心搏骤停的存活率便降低 7%~10%；若有救护者，心搏骤停的存活率可显著提高。

技能训练

训练一　对手臂出血进行包扎

情景设计：某学生在操作中被机械设备割伤手臂，请对该同学进行止血包扎处理。

训练二　触电急救

情景设计：某学生在操作电气设备时发生电击，请进行急救处理，该同学出现短暂休克，请进行人工呼吸和胸腔按压急救。

训练一和训练二的考核评价表见表 2-5。

消防技能考核表　　表 2-5

考核项目及分值	考核内容	评分标准	评分记录
准备工作10分	（1）检查急救箱 （2）准备长竹竿 （3）准备纱布、固定板等	（1）设备少一样扣 2 分 （2）未检查扣 5 分	
出血包扎25分	（1）正确的止血步骤和方法 （2）正确的包扎方法 （3）骨折的包扎方法	（1）方法错误扣 10 分 （2）步骤错误扣 5~10 分	
触电急救25分	（1）迅速脱离电源的方法 （2）对症救治方法	（1）方法错误扣 10 分 （2）步骤错误扣 5~10 分	
人工呼吸 30分	（1）人工呼吸的步骤 （2）按压胸腔的部位及手法	（1）方法错误扣 10 分 （2）步骤错误扣 5~10 分	
团队合作10分	（1）组员分工 （2）组员配合	（1）组员分工不明确扣 5 分 （2）组员配合不默契扣 5 分	
考核时限	全部考核内容应在规定的时间内完成	（1）超时每分钟扣 5 分 （2）超时 5min 即停止记分	

项目评测

一、判断题（对的画“√”，错的画“×”）

1. 凡是机械、设备、工具等对人体所造成的伤害，就称为机械伤害。（　）
2. 被尖锐、锋利的物件或刀具刺入或割破人体，称为擦伤。（　）
3. 任何机器与机器传动（转动、移动）的部位，都具有危险性。（　）
4. 设计之初，便排除一切可能的灾害，是机器安全防护的最高理想。（　）
5. 使用手工具代替手臂进出料，无法防止意外发生。（　）
6. 紧急停止装置在必要时能立即停止机器的运作。（　）
7. 一般而言电压超过 35 V，对人体就具有危险。（　）
8. 工作时流汗，不会降低人体表面电阻。（　）
9. 将电气设备的金属外壳，以导体与大地作良好的电气性连接，使其与大地同电位，便称为搭铁。（　）
10. 导线具有电阻值，当电流通过导线时，会产生热量。（　）

11. 增设大型电器时，不必重新装设厂内配线。　（　）

12. 电气火灾，可用海龙、干粉及二氧化碳灭火器扑灭。　（　）

13. 熔断丝熔断，切勿以为熔断丝太细而以铜丝、铁丝替代。　（　）

14. 在屋外遇打雷，绝对不可以在大树下躲避。　（　）

二、单项选择题

1. 操作机器时，人员的疏忽与操作不当有（　）。

A. 过度疲劳　B. 聊天、吃东西　C. 擅自操作或修理机器　D. 以上皆是

2. 作业场所中，不安全的工作环境与管理疏失有（　）。

A. 照明不足　B. 警告标示不足　C. 通风不良　D. 以上皆是

3. 安全的机器防护设备必须具备的特性与原则有（　）。

A. 足够的强度与可靠度　B. 机器运作时，防护设备可以打开修理

C. 防护设备应力求手动化　D. 以上皆是

4. 在设计之初，便排除一切可能发生的职业灾害，防范于未然的是（　）。

A. 机械自动化　B. 进料自动化　C. 机器安全设计　D. 以上皆非

5. 洗衣机脱水槽盖是属于（　）防护方法。

A. 动力连锁式　B. 机器安全护罩

C. 感应式安全装置　D. 机器式安全装置

6. 电气设备灾害的类型有（　）。

A. 感电事故　B. 雷击灾害　C. 电气火灾　D. 以上皆是

7. 电器发生故障时，首先应（　）。

A. 大声呼叫　B. 切断电源　C. 通知领班　D. 通知 119

8. 熔断丝熔断，通常是用电过量的警告，应该（　）。

A. 换用较粗熔断丝　B. 改用低电阻的铜丝

C. 以铁丝替代　D. 以上皆非

三、填空题

1. 工厂内所发生的意外事故，大多都是由于__________或是__________所造成。

2. 机械对人体造成的伤害大多为_________，甚至是残废或死亡。

3. 机器对人体产生伤害的部位，主要在机器的__________、__________部位及动力传动部位等。

4.__________又称工作点，系指机器对工件加工的部位。

5.__________主要是以封闭或是隔离方式，防止人体碰触到机器危险部位。

6. 电气设备灾害类型有感电事故、电气火灾、__________、__________等。

7. 触电伤害程度和触电部位，与通过人体电流的__________、路径、__________、时间、人体体重等有关。

8. 一般而言电压超过__________，对人体就具有危险。

汽车行业安全与防护

知识目标

完成本项目学习后，你应：

（1）知道汽车行业的安全隐患内容。

（2）知道工具使用的安全注意事项。

（3）知道汽车行业各工种的安全作业规范。

技能目标

完成本项目学习后，你应能：

（1）使用常见的工具并注意安全。

（2）正确选择和穿戴各工种的劳保用品。

任务一　汽车总装安全与防护

活动一　汽车总装安全分析

【案例】2008年某日下午，某工厂总装部发生一起安全生产撞车事故。轻客线制冷剂加注机实习生刘某在综合下线线头见有两台产品已达下线状态，在下线员不在现场的情况下，未能采取紧急处理措施，而是违规驾驶前面车辆下线，由于该员工无车辆驾驶证和场内驾驶证，操作失误，在车辆驶出车间北门时撞到卷帘门框上，导致该车前保险杠、左前照灯、左前雾灯、前格栅和左前围严重受损；卷帘门严重变形，无法正常使用。

【案例】2011年某日上午，某公司在建的电泳车间设备安装过程中，起吊四块墙板，不慎滑落，砸向下方上海某安装公司一员工身上，致该安装工人当场死亡。

总装车间主要进行汽车的装配和调试，存在碰伤、划伤、砸伤以及车辆伤害等危险因素。

职业病危险源主要是在总装车间内饰段刷胶时，因为胶黏剂成分比较复杂，产生挥发性气体，主要成分为甲苯、乙酸乙酯、正乙烷、环乙烷等，此类气体吸入过量，可以导致血液病。

危险源辨识活动要覆盖所有人员、所有设备设施和所有活动，包括相关的产品和服务过程，充分考虑正常、异常、紧急三种状态，考虑过去、现在、将来三种时态对员工的职业伤害。

总装车间危险源

总装车间不同的人员的安全隐患各不相同，具体危险源及控制措施见表3-1。

常见总装车间危险源　　表3-1

单位	岗位	危　险　源	危险度	控制措施	
				管理规定	应急预案
总装部	起重设备操作工	安全附件失效，如制动、防撞限位/上下限位失灵	中度	起重设备安全操作规程	行车设备事故应急预案
		违章操作（违反十不吊、无证操作、超负荷使用起重设备）	高度		
		吊索具不符合要求（防脱钩弹簧松动、吊钩坏损或过量磨损、钢丝绳断股等）	中度		
		滑轮、导绳器不符合要求	中度		
		吊索固定端固定卡具不合标准	中度		
		天车操作（起吊大型物件时）人员指挥不当或配合不当	中度		
		电气线路（包括搭铁、开关、指示灯等）故障或不符合要求	中度		
	下线员，调试员	下线车辆机件失灵，转向、制动失灵	高度	车辆调试工安全操作规程	试车人员事故应急预案
		技术不熟练，操作不当，如超速行驶、驶入禁驶区域等	中度		
		检测地沟无防护	中度		
	装配工	员工在使用切割机时不戴护目镜和防护面罩，这样很不安全	中度	车辆装配人员操作规程	装配人员事故应急预案
		在钻孔时，手套未除\护目镜未戴	中度		
		仰头钻孔未戴护目镜\耳塞、袖口敞开	中度		
		使用锤子、胶瓶等不规范物品支撑舱门，存在舱门掉落伤到身体的安全隐患	中度		

续上表

单位	岗位	危险源	危险度	控制措施	
				管理规定	应急预案
总装部	装配工	打磨作业时，周围放置易燃物	中度	车辆装配人员操作规程	装配人员事故应急预案
		内饰员工作业过程中不慎摔倒，碰到正在起动车辆的变速杆上面，导致车辆起步后压过车下挡块造成追尾	中度		
		在车内用刀片修割玻璃胶，刀片放在座椅上，座到座椅后被刀片刺伤大腿	中度		
	加注工	加注机爆炸着火等	中度	设备安全操作规程	火灾应急预案

【案例】2011年某日临近下班时，玻璃工位员工使用美工刀挑橡胶垫块调平玻璃时，脚下不慎打滑身体前倾，导致手中美工刀划破大腿，示意图如图3-1所示。

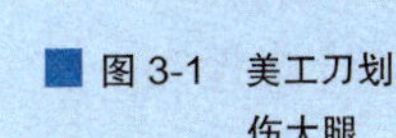

图 3-1　美工刀划伤大腿

活动二　汽车总装安全防护

汽车总装安全事故是企业员工在操作中思想麻痹大意，不遵章守法，在操作中不注意而导致的。因此各种工作必须学习注意事项，防止安全事故的发生。

1. 装配工安全注意事项

（1）严格执行厂总装部有关安全生产管理规定，明确责任。遵守安全操作规程，严禁违章操作，如图3-2所示，美工刀在没有刀柄时使用，容易导致划伤事故。生产过程中不准擅离职守，不准跨越生产自动流水线。

（2）工作前要穿戴好所规定要求穿戴的劳保防护用品（手套、工作服、过滤口罩、眼镜、安全帽），防止事故发生，穿戴的劳保用品要符合工作场合，如图3-3所示，在操作旋转设备时严禁戴手套。任何人不准穿短裤、拖鞋、高跟鞋、裙子进入工作现场。坚持文明生产秩序，在工作岗位上不允许打闹、说笑和做与工作无关的事情。

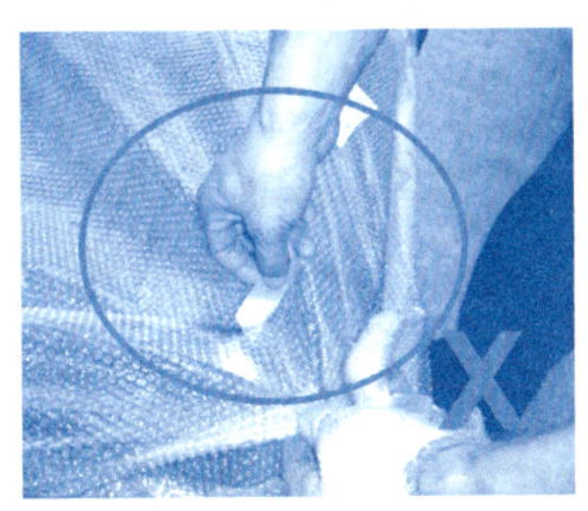

图 3-2　违规使用美工刀

图 3-3　正确穿戴劳保用品

（3）操作设备的人员，要持证上岗，禁止无证操作，严格按照安全操作规程操作，图 3–4 所示为吊装前检查吊钩是否安全，图 3–5 所示为设备使用完后要关闭电源。流水线专用设备要有专人操作、维护，其他人不得随意启动驱动站设备。对工作中掉在输送线上的螺钉、螺母要及时捡起，不得放在输送线上，以免卡死传送链。

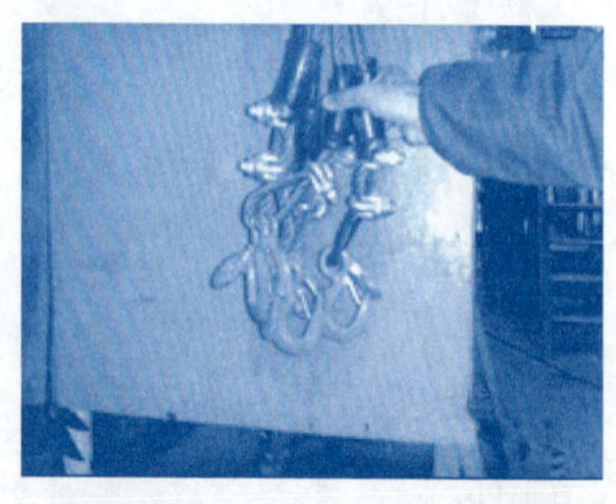

图 3-4　检查吊钩是否安全

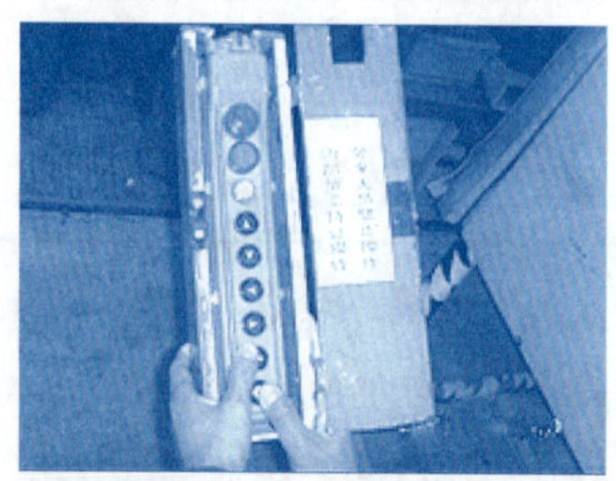

图 3-5　设备使用完后要关闭电源

（4）当流水线驱动装置发生故障时，要及时通知操作人员停线，维修人员及时到现场抢修设备。发现气动扳手管路漏气要及时更换，防止爆裂后气管抽打伤人。不得用气动扳手气嘴吹物件、货架、工位器具灰尘，以防异物飞入眼中。

（5）使用的工具有气动扳手，螺丝刀、橡胶锤等，使用气动工具时，应该了解它的性能，看使用说明书，禁止玩耍气动扳手，不准用手握住气动扳手，和气动扳手比力气。装配工要正确使用气动工具，每天使用前要详细检查，检查螺钉是否松动，以免工具接头、部件飞出伤人。

（6）流水线要保持畅通，严禁有碍流水线畅通的物体进入流水线中间。工位禁止人员穿行，车辆升降机禁止站人；综合工位必须等待车辆停稳才可以工作。流水输送线下线前方至门口，任何人不得在此停留。

（7）等车辆落稳再进行装配，两人装配时要注意配合（如内饰调门与安装侧围板、吊装后桥安装、综合下线与彩条安装），工作时注意吊具行走，防止碰头，禁止不戴安全帽的人员进入本工段。综合工段末工位有地沟，装配时一定要注意，小心掉入地沟内，对人员造成伤害。及时清理工作场地卫生，工作场地不准有油、水，保持工作场地干净、整洁。

（8）工作中如发现有不安全隐患，应立即停止工作，待找出原因排除危险后方可工作，情况严重的应向上级领导报告。下班后要关好门窗，断开所有设备电源，熄灯，将本工段的总电闸关闭。

2. 调试工安全注意事项

（1）调试车辆驾驶员除须遵守本安全操作规程外，还必须遵守机动车驾驶员安全操作规程，驾驶车辆须携带驾驶证，不得无证驾驶。不得将调试车辆交给其他任何人员驾驶。严禁饮酒后驾驶车辆。在患有影响安全行车的疾病或过度疲劳时，不准驾驶车辆。

（2）驾驶车辆时要穿工作服，夏季时不准穿拖鞋、穿背心、赤膊驾驶车辆。车门、车厢未关好时，不准驾驶车辆。不准在驾驶车辆时吸烟、饮食、闲谈等影响安全行车。不准在车辆待调或停放中，有在驾驶室内吸烟、睡觉、吃东西聊天、双脚放在仪表板上等行为。

（3）在试车时，不准无关人员上车，严格遵守交通规则。严禁在试车道停放车辆、调试车辆和鸣笛。调试车辆必须在专用试车道进行试车，试车途中保持安全距离，不得在非试车道试车。试车道为单行道，调试人员必须按照规定的方向行驶，不得逆行。进行制动调试操作必须在试车道的直线道上进行。

（4）严禁在厂区内超速行驶（限速 20km/h）和强行猛拐。车辆下线，因质检、更换件、改号等工作时，进出车间限速 5km/h。

（5）当在车下检查电路、调试、更换件时，车辆变速器挡位要在空挡位置，驻车制动器在拉紧位置，挂“维修中”禁止动车的警示牌。在雨天、雪天、雾天、大风天不得试车，特殊情况必须试车时，应有有关负责人批准方可试车。

（6）当在停放或修车时，需要起步、倒车、发动车辆时应照看一下车辆的前后左右，在确定无人的情况下再开车。停车时，将车停稳，熄火，拉紧驻车制动器操纵杆，拔钥匙，做到人走车熄。

3. 日常工作中注意事项

（1）在车间行走要按照地标指示路线行走，横穿中间过道时要走斑马线；直行时要走中间两侧人行通道；中间为物流通道，如图 3-6 所示。

图 3-6　车间行走要走人行通道

（2）如图 3-7 所示，调试作业过程为膨胀水箱加注防冻液时，禁止将水箱盖或其他工具放置在水箱上，防止其掉入水箱风扇内，车辆起动后打坏水箱，弹出伤人。

（3）如图 3-8 所示，车间空调安装平台作业人员均为车间指定安装人员，其他员工严禁攀登。

（4）如图 3-9 所示，使用落地风扇吹风或搬运时，手指禁止扶在风扇叶片附近，防止手指被打伤。

（5）如图 3–10 所示，作业过程中严禁站在类似不安全的位置上，杜绝此类的不安全行为，防止滑倒、跌落等造成伤害。

图 3-7　禁止将水箱盖放在水箱上

图 3-8　非指定人员严禁攀登

图 3-9　严禁手扶在风扇叶附近

图 3-10　严禁站在不安全位置

（6）如图 3–11 所示，员工在使用化学品树脂胶时，要正确佩戴防毒面具。

（7）如图 3–12 所示，使用铝型材切割机时，必须戴面罩 \ 护目眼镜，防止切割出来的边角料、碎铝屑伤人。

图 3-11　使用化学树脂时佩戴防毒面具

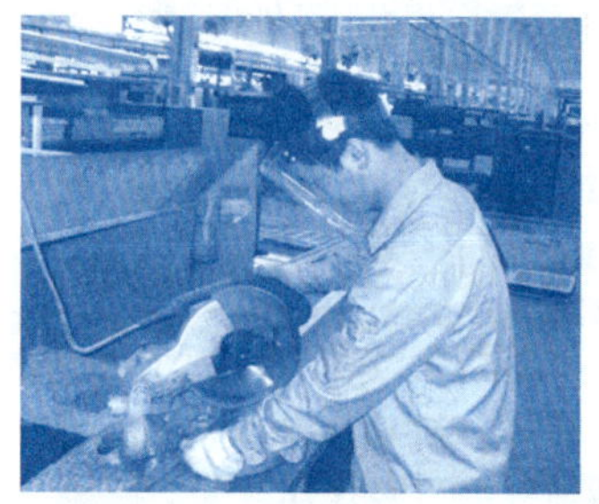

图 3-12　切割时佩戴面罩

（8）使用锤子、胶瓶等不规范物品支撑舱门，存在舱门掉落伤到身体的安全隐患。应使用专用舱门挂钩钩住舱门，安全可靠，如图 3–13 所示。

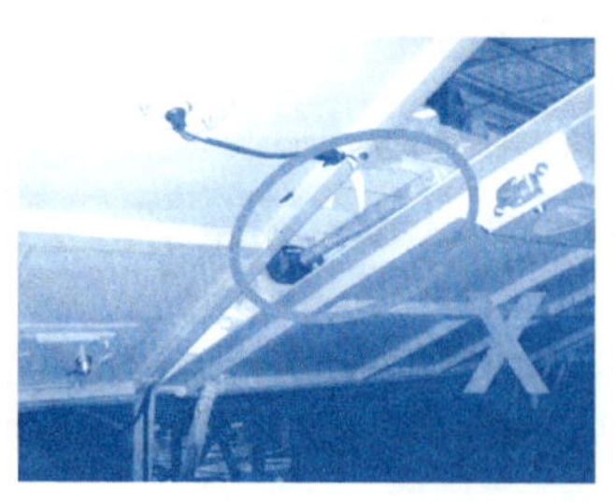

图 3-13　正确选择支撑物品

（9）使用气管时，严禁在车下硬拉、硬扯气管，防止气管头碰伤车辆油漆面或身体。正确操作是整理好气管，观察车下无人后，将气管顺下，如图 3-14 所示。

图 3-14　正确整理气管、绳索等

（10）正确的存放是用完后必须立即加盖（包括拧紧），无论是存放还是在生产作业中都须加盖拧紧，如图 3-15 所示。

图 3-15　生产和存放都必须加盖拧紧

任务二　汽车维修安全与防护

活动一　汽车维修安全分析

汽车维修是多工种联合交叉作业，对技能要求高，作业环境复杂。在传统的汽车维修中，员工要在地沟下作业，浑身沾满机油，同时汽修厂的规模基本不大，经营能力匮乏，投资不足，管理混乱，再加上汽车维修行业的从业者综合素质普遍不高，安全意识薄弱，导致了很多安全事故的发生。

现在的汽车维修一改传统汽车维修脏乱差的环境，代之而起的是标准化、规范化、形象化、品牌化的经营，同时现在很多汽修行业的从业者都是从职业学校毕业的，有较高的素质和安全意识，汽车修理安全事故大大降低。但是部分企业的安全意识淡薄，员工的麻痹大意，也会导致安全事故的发生，所以安全警钟一定要长鸣。

1. 汽车维修企业安全生产基本情况

（1）部分企业的安全意识跟不上当前形势变化。

（2）维修过程中思想麻痹大意。如图 3–16 所示，因忘记紧固轮胎，汽车行驶出厂后，轮胎跑掉导致交通事故。

（3）操作技术存在的问题：

①对举升设备安全操作规定不熟悉。如图 3–17 所示，未安全举升车辆导致事故。

图 3-16　未紧固轮胎导致交通事故

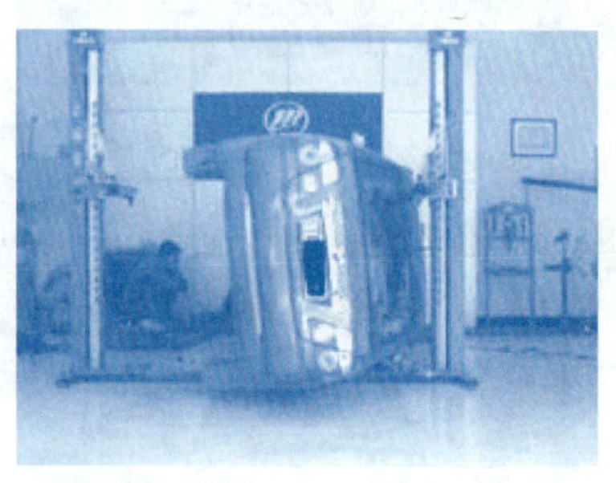

图 3-17　未安全举升车辆导致事故

②缺乏安全用电知识。

③缺乏对易燃易爆物品的安全防火措施。

④违章驾驶，如在店内醉酒驾驶和无证驾驶等。

⑤不按规定使用压力设备。

（4）设备技术安全不合格。

（5）身体状况排查不认真。

2. 汽车维修企业安全管理主要问题

（1）领导不重视，认识不足，安全意识淡薄，安全保障投入资金少，主要表现在以下几个方面。

①事前控制少，以包代管，常常是事后补救，侥幸心理严重。

②有的企业不给员工缴纳相关劳动保险，劳动用工没保障。

③有的企业没有完善的安全管理体系和制度。

④有的企业虽制度齐全但执行力差。

（2）汽车维修人员技能素质有待提高。有的汽车维修人员使用假冒伪劣配件，试车检验、车辆抛锚、施救抢修时防范不周，安全隐患多。

（3）设备管理重使用、轻维护。举升机、压力容器、移动电器多，电线、气管易破损；实习生、流动人员多；设施设置不合理，电线布局不合理，没有安全电压源，有的搭铁线不规范，乱拉乱接现象严重。

（4）现场管理不严。违章指挥、违章作业，承包车间三合一现象多，厂区内酒后驾驶、无证驾驶，人员流动频繁等。维修作业时易发生滑跌、坠落、挤压等工伤事故。

3. 各工种职业危害

（1）机修作业。修理工作中的各环节可能接触噪声、粉尘以及振动等危害因素，同时邻近作业可能带来相关危害，这就要求修理厂做好平面布置，尽量减少乃至避免危害因素的相互影响，各厂应按国家相关规定发放个人防护用品。

（2）喷漆作业。汽车维护和修理中都可能有喷漆作业，喷漆要用苯系物作溶剂，所以喷漆作业的主要危害因素是苯、甲苯、二甲苯，为了使喷漆均匀光亮，还可能加有酯类化合物等有机溶剂。随着水性漆的大量使用，喷漆作业有害物质在迅速下降。在进行喷漆作业时，一定要佩戴专用防护面具。

（3）钣金作业。钣金作业工人从事的工作内容是拆解、敲补、更换零部件等，这就有可能使用电焊，这些工作可能产生的危害是噪声、电焊烟尘、电焊弧光。因此，钣金作业要求在通风良好的环境中进行，且必须佩戴个人防护用品。

活动二　汽车维修安全防护

1. 个人安全

个人安全就是保护自己免受伤害，包括使用防护装置、穿戴安全、行为遵守职业规范和正确使用工具及设备。

（1）眼睛保护：当工作环境存在损伤眼睛的风险时，就要戴上安全眼镜（图 3–18），安全眼镜的镜片要用安全玻璃制成，还要对眼部侧面进行防护。普通眼镜不能作为安全眼镜使用。例如磨气门时，就应该带安全眼镜，防止金属颗粒进入眼睛中。当眼睛进入灰尘或少量液体时，要在洗眼台上清洗（图 3–19），然后迅速到医院就医。

图 3-18　防护目镜

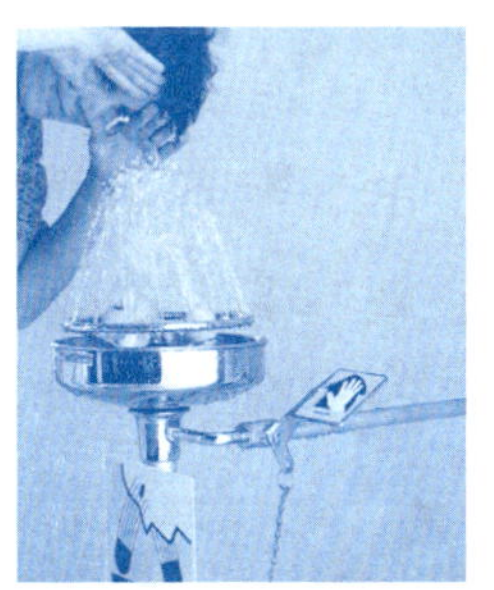
图 3-19　洗眼台

（2）服装：工作时穿着的服装不但要合适舒适，还要结实。宽松的服装很容易被运动的零件和机器挂住，也不要系领带，不要将工作服套在自己的衣服外面（图 3–20）。

（3）头发和配饰：蓬松的长发和悬挂的饰物也很容易被运动的机器挂住而引发事故。如果头发很长，工作时就应该将其扎在脑后，或者塞到帽子里。

（4）鞋：维修汽车时重物有可能意外掉落砸到脚上，所以要穿用皮革或类似材料做成的并具有防滑底的鞋或靴子，铁头安全鞋（图 3–21）可以增强对脚的保护，运动鞋、休闲鞋和凉拖鞋都不适合在车间穿。

图 3-20　正确穿工作服

图 3-21　安全鞋

（5）手套：维修人员常常忽视对手的保护，戴手套不仅可以保护手，避免损伤手，防止通过手染上疾病，也可以使手保持干净。有多种不同的手套可以供选戴，进行磨削、焊接作业或拿高温物件时，应该戴上厚手套（图 3–22）；在处理强腐蚀性或危险性化学物品时，应该戴上聚亚安酯或维尼龙手套；戴上乳胶手套和丁腈橡胶手套可以防止油污沾到指甲上，以预防疾病。在操作旋转的工具或者工作在一个旋转运动的地方时，不要戴手套（图 3–23）。

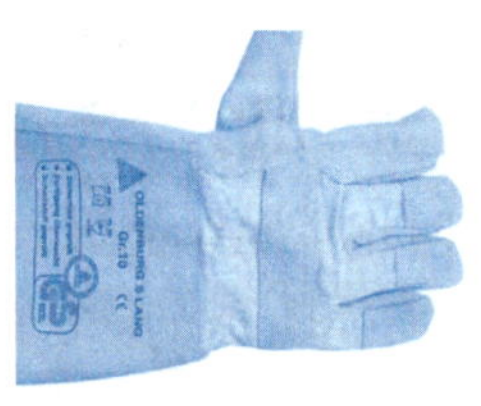

图 3-22　厚棉布手套

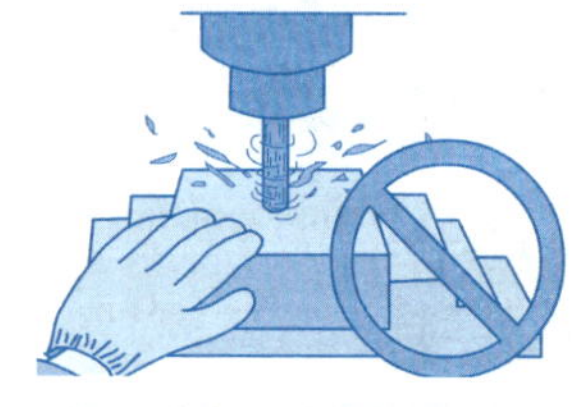

图 3-23　不戴手套场景

（6）耳朵保护：在噪声级很高的场合停留时间过长，会导致听力丧失。在经常有噪声的环境里，应该戴上耳罩或耳塞（图 3–24）。

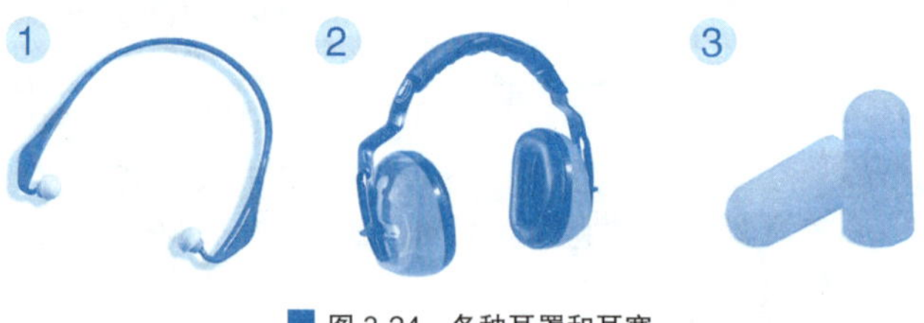

图 3-24　各种耳罩和耳塞

（7）呼吸保护：汽车维修经常在有毒化学气体环境中进行。不论是暴露在有毒气体中还是过量尘埃中，都要戴上呼吸器或呼吸面罩（图 3–25）。用清洗剂清洗零部件和喷漆是最常见的需要戴上呼吸面罩进行的作业。

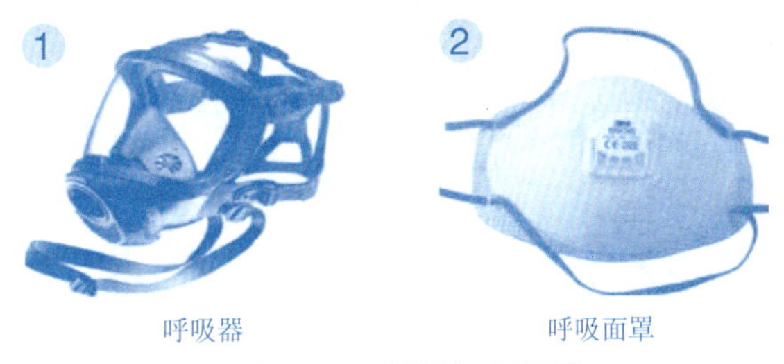

图 3-25　呼吸器和呼吸面罩

2. 职业习惯和安全意识

（1）车辆防护。

①预检工作检查前将地板垫、防护罩等放入用户的车辆内，防止沾上灰尘或划伤，用车轮挡块挡住车轮，准备开始检查（图 3–26）。

②进入驾驶员座椅位置检查时，安装五件套，即地板垫、座椅套、转向盘套、换挡杆套和驻车制动杆套（图 3–27）。

③到车辆前部检查发动机舱时，安装前格栅布和翼子板布。

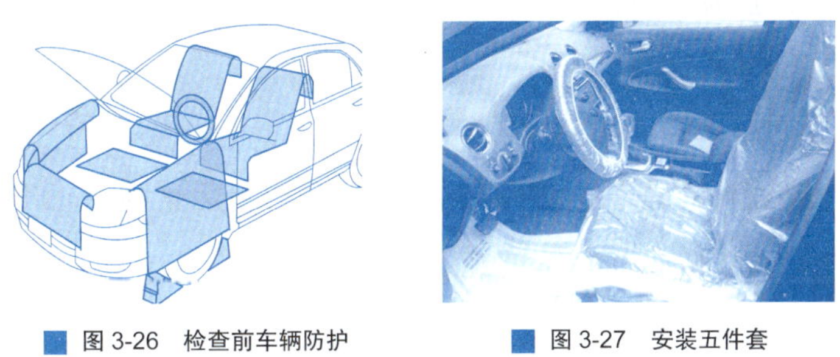

图 3-26　检查前车辆防护　　图 3-27　安装五件套

（2）职业习惯养成。许多工伤事故都是由杂乱无章引起的，在凌乱的工作场所，常常会发生因跌倒、绊倒、滑倒而导致受伤的事故。因此我们有责任妥善保管好设备、工具、部件和车辆，以保护自己和同学不受到伤害。

养成好的职业习惯就能预防事故发生。在修理车间工作时，应该遵守的一些事项如下：

①在维修汽车或使用车间的机器时，不要吸烟（图 3–28）。为了预防皮肤被烧伤，应使皮肤远离高温金属零件，如散热器、排气歧管等。

②在散热器周围进行作业时，先将发动机冷却风扇电路断开，防止他人使风扇转动。维修液压系统时，先将压力以安全方式释放掉。

③保管好所有的配件和工具，不能随意扔在地上，飞溅在地的燃油、机油或者润滑脂应立即清理干净，防止自己或者他人摔倒，养成好习惯（图 3–29）。

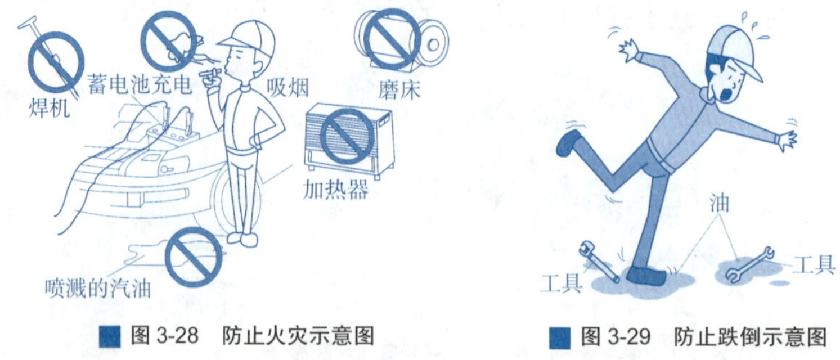

图 3-28　防止火灾示意图　　图 3-29　防止跌倒示意图

④工作时不要采取不舒服的姿态。姿态不舒服不仅会影响工作效率，而且有可能会跌倒、受伤。

⑤不要在开关、配电箱或电动机等附近使用易燃物，如果发现电气设备有任何异常，立即关掉开关，并联系管理员 / 领班。如果电路中发生短路或意外火灾，在进行灭火步骤之前首先关闭电源开关。

⑥维修时的正确位置，如图 3–30 所示。

a. 站立时，将需要使用的物体、零件和工具置于胸部和腰部之间的高度。

b. 坐立时，工作应在肘部高度进行。

c. 确保发动机罩处于安全撑起状态。

d. 在车底工作时，戴好安全帽。

（3）举升和搬运。如图 3–31 所示，掌握举升和搬运重物的正确方法非常重要，举升和搬运重物时，也要采取保护措施，对搬运物品的尺寸和质量没有把握时，应找人帮忙。

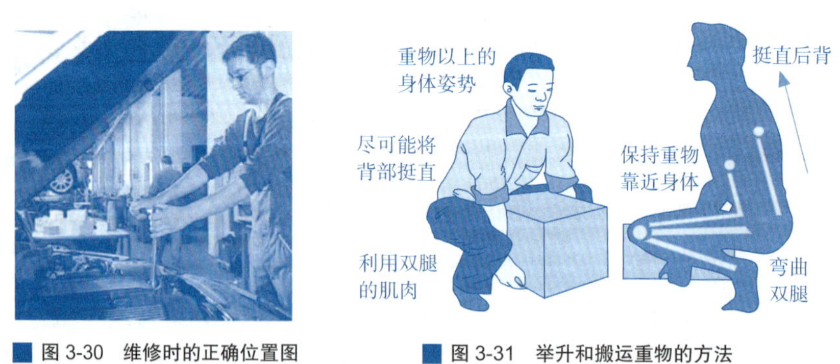

图 3-30　维修时的正确位置图　　图 3-31　举升和搬运重物的方法

（4）伤害事故的应急措施。预防事故和伤害的唯一办法是遵守安全规则和规章制度。汽车维修工作场所每年会发生上千起事故和伤害事件，还有许多死亡事件。最常见的伤害有裂伤、割伤、滑倒、摔跤、眼伤、拉伤、疝气及背伤。

如果有人受伤，应立即通知主管。每个维修车间都必须有紧急情况处理程序，每个人都应知道该程序。若可能，应有经过培训的人员提供急救。维修车间内每个人都应清楚紧急呼叫电话号码的张贴位置（图 3–32），疏散路径，急救箱（图 3–33）、洗眼站和安全淋浴的位置。

图 3-32　紧急呼叫电话号码

图 3-33　急救箱及物品

（5）工作场地安全。工作场地要保持干净和安全，地面和工作台面要保持清洁、干燥和有序。地面有了机油、冷却液或润滑脂后会变得很滑，人员滑倒会造成严重损伤，可以用吸油剂清除油污。要保持地面干燥，地面有积水也会变滑，而且很容易导电。机器周围的作业区域要足够大，保证能够安全地操作机器。

整洁车间的特征：

①地面清洁，设备摆放整齐（图 3–34）。

②工具存放安全（图 3–35）。

图 3-34　地面清洁，设备摆放整齐

图 3-35　工具存放安全

③火警应急出口畅通。

④工作场所灯光明亮。

⑤设备或工具定期维护，使之保持良好的安全状态。

要了解车间里所有灭火器的放置地点及其适用的火险类别（图 3–36），在灭火器标签上都清楚地标明了灭火器的类型及其适用的火险类别，灭火时，一定要使用适合火险类别的灭火器。

（6）危险废弃物。

①化工材料。使用、存储和搬运如溶剂、胶黏剂、油漆、蓄电池电解液、防冻液、制动液、燃油、润滑油、润滑脂之类的化工材料，一定要轻拿轻放，小心谨慎。这些材料可能有毒、有腐蚀性、有刺激性、易燃、易爆。

②废气。发动机废气中包含使人窒息、有害、有毒的化学成分和微粒，如炭烟颗粒、碳氧化合物、氮氧化合物、乙醛和芳香族烃等。发动机应该在有抽排设施（图 3–37）或在非密封空间并完全打开的情况下运行。

图 3-36　火险类别

图 3-37　抽排系统

③空调制冷剂。空调制冷剂有如下特性：沸点低、不易燃、无色、无味、无毒，对金属或橡胶无腐蚀。但是，皮肤接触空调制冷剂可能会导致冻伤，R12 制冷剂会破坏臭氧层。准备维修汽车空调系统、准备使用制冷剂回收和再生设备、准备搬运制冷剂时，都应当戴工作眼镜，戴上适当的橡胶手套或其他布质手套。不要让液态制冷剂接触到眼睛或皮肤（图 3–38），避免吸入空调制冷剂和润滑油的油雾（图 3–39）。

④燃油。汽油是一种易燃的挥发性液体，使用时应特别注意，一定要将汽油和柴油装在安全油箱中，不要用汽油擦洗手和工具，存储间应当通风良好。从大容器倒出易燃物品时要格外小心，静电产生的火花能够引起爆炸。用过的溶剂容器要及时丢弃或清理，沾油的抹布也要存放在符合标准的金属容器中（图 3–40）。维修汽车电气系统或进行焊接作业之前，要断开汽车蓄电池，以防由电气系统引起着火。

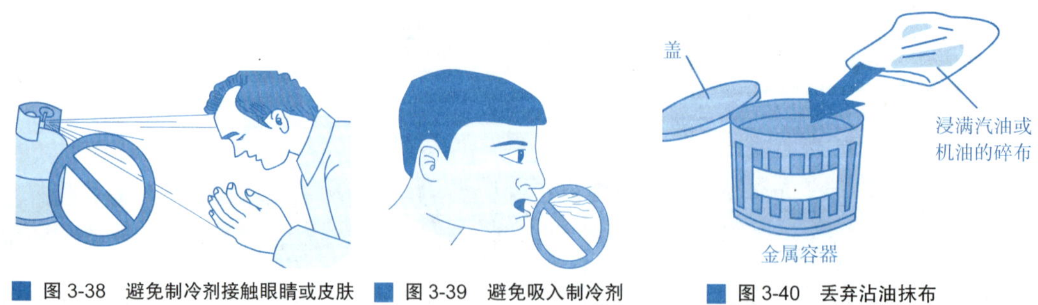

图 3-38　避免制冷剂接触眼睛或皮肤　图 3-39　避免吸入制冷剂　图 3-40　丢弃沾油抹布

⑤润滑油、润滑脂。所有润滑油和润滑脂（图 3–41）都可能对皮肤和眼睛产生刺激。长期和反复接触矿物油会除去皮肤上原有的脂肪，导致皮肤干裂、过敏和皮炎。另外，废机油可能含有使皮肤致癌的有害污染物。

⑥溶剂。常用溶剂有丙酮、石油溶剂油、二甲苯和三氯乙烷等，用于材料的清洗和脱蜡。图 3–42 所示为香蕉水，图 3–43 所示为清洗剂。

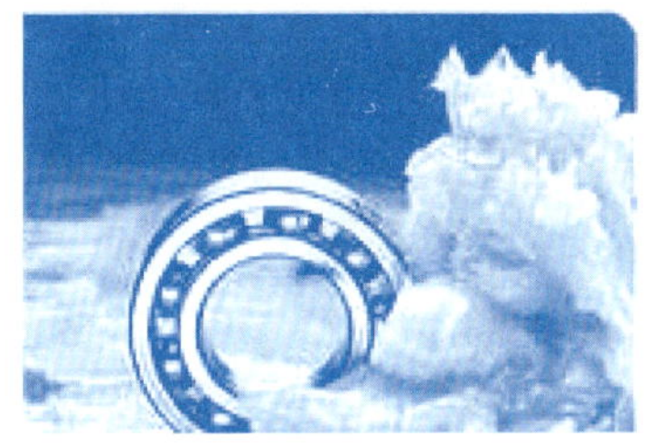

图 3-41　润滑脂

图 3-42　香蕉水

图 3-43　清洗剂

溶剂中有些是高度易燃或可燃物，长期接触会导致皮肤脱脂和皮炎；有的溶剂可通过皮肤吸收，引起人中毒或伤害；溅入人眼内可产生严重刺激并导致视力丧失；短时间接触高浓度溶剂蒸气或烟雾可使人的眼睛和咽喉疼痛、昏睡、眩晕、头疼，严重时会导致神志不清。

如果这些溶剂暴露在高温或明火中，它们会分解成致命的气体，如氯化氢、光气和一氧化碳。暴露在高剂量的这些溶剂中，即使时间极短也是致命的。长时间重复暴露在高浓度的这些溶剂中，会导致肝脏、肾和肺的损伤，并且有可能导致癌症。

⑦石棉。石棉是天然的纤维状的硅酸盐类矿物质的总称。石棉本身并无毒害，它的最大危害来自于它的纤维，这是一种非常细小，肉眼几乎看不见的纤维，当这些细小的纤维被吸入人体内，就会附着并沉积在肺部，造成肺部疾病，另一方面，极其细小的石棉纤维飞散到空中，被吸入到人体的肺后，经过 20~40 年的潜伏期，很容易诱发肺癌等肺部疾病。因此石棉公害问题在世界各国都受到不同程度的关注。

小贴士　据预测，在欧洲到 2020 年因石棉公害引发的肺癌而致死的患者将达到 50 万人。而在日本，预测到 2040 年将有 10 万人因此死亡。

世界卫生组织（WHO）的附属机构国际癌症研究组织（IARC）已经宣布石棉是第一类致癌物质，多数国家（特别是发达国家）都倾向逐渐减用甚至禁用石棉。因此，我们在维修含石棉的汽车零件（如部分车型的制动蹄片、汽缸垫等）时，要使用专用仪器将零件封闭起来（图 3–44），防止石棉纤维进入到空气中。

（7）预防感染。进行汽车维修时可能受伤，包括由于严重的割伤或撞伤等引起的流血。一些病毒能通过血液传播，如 B 型肝炎、C 型肝炎病毒等，肝脏病变三部曲如图 3–45 所示。要做好必要的预防工作，避免与他人进行血液接触。

图 3-44　密闭仪器中维修含石棉零件

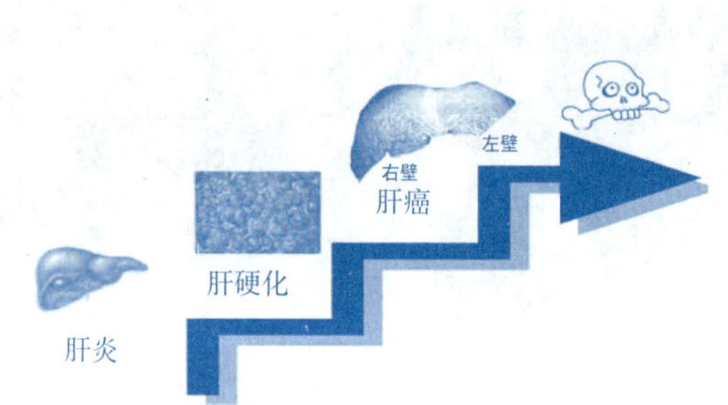

图 3-45　肝脏病变三部曲

3. 工具及设备的使用

不当的使用工具会引起冲撞、割切、骨折、刺伤眼睛等。因此，应选择适合工作的工具，并有正确的使用方法。一般使用工具的原则有：

（1）选择材质良好的工具。一般而言，工具使用频率越高，越应该用上等的材质制成，且需符合国家安全标准的规定。

（2）选择适合工作需要的标准工具。依螺钉大小及种类，选用适合的螺丝刀，如图 3–46 所示。手弓锯锯齿的粗细须考虑工件的材质和厚度。如果手工具不按设计用途使用（如拿刀子当螺丝刀，扳手当锤子使用等），将容易引起事故。

（3）用正确的方法使用工具。手工具的使用应依照工厂内的使用准则，或参考说明书使用。如套筒不能与螺母倾斜使用，如图 3–47 所示；活扳手应由固定端往活动端旋转施力，以免易断伤人，如图 3–48 所示。

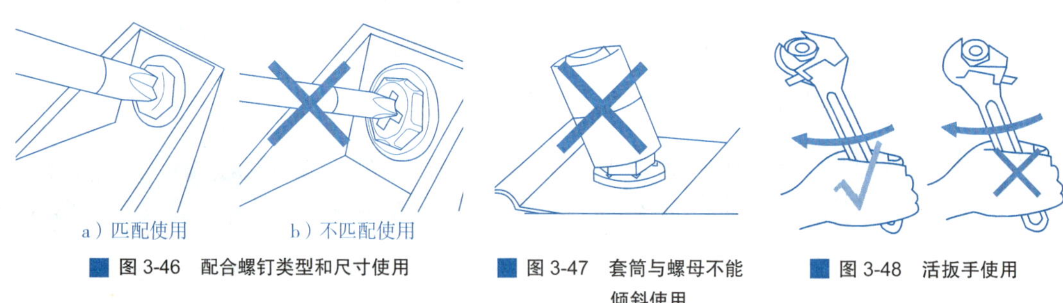

图 3-46　配合螺钉类型和尺寸使用

图 3-47　套筒与螺母不能倾斜使用

图 3-48　活扳手使用

（4）工具要放在安全的地方。工具室、工具箱或工具架的设置，可避免意外事故的发生。从一堆杂乱的工具堆里寻找工具，如刀子、錾子等尖锐工具时，或较重的工具不慎掉落时，都极易造成伤害，如图 3–49 所示。

（5）工具应保持良好状况。工具使用频繁，难免有破损、磨耗、把手破裂或绝缘损坏的情形，应当立即停用或修复，才能避免危险，如图 3–50 所示。

图 3-49　工具应放在安全的地方

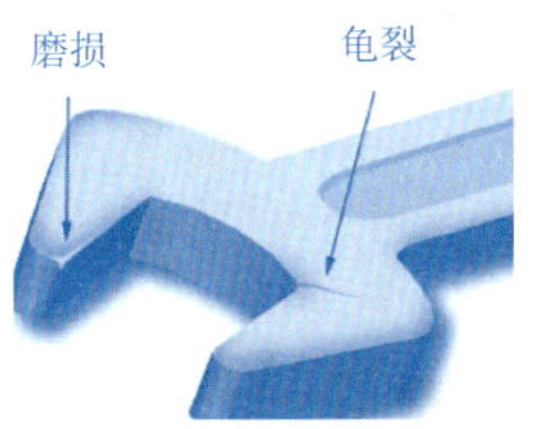

图 3-50　活动扳手有磨损龟裂

（6）举升机的使用。举升机的形式比较繁多，按立柱构造分类，主要有平板式举升机、双柱式举升机、四柱式举升机、剪式举升机和地沟式举升机等。

汽车维修企业在使用举升机时要注意安全规范，了解举升机安全操作规程：

①举升前要查看举升机安全操作规程，操作人员必须熟知举升机的各项功能及操作方法。

②使用前应清除举升机附近妨碍作业的器具及杂物，并检查操作手柄或开关是否正常，图 3–51 所示为举升机开关。

a) 剪式举升机开关

b) 立柱式举升机开关

图 3-51　举升机开关

③尽量避免站在车辆的正面引导车辆，以免发生意外，如图 3–52 所示。

图 3-52　引导车辆停放位置

④车辆举升前要垫好车轮挡块（图 3–53），以防车辆移动；也可同时使用驻车制动器和挂 P 挡锁止。

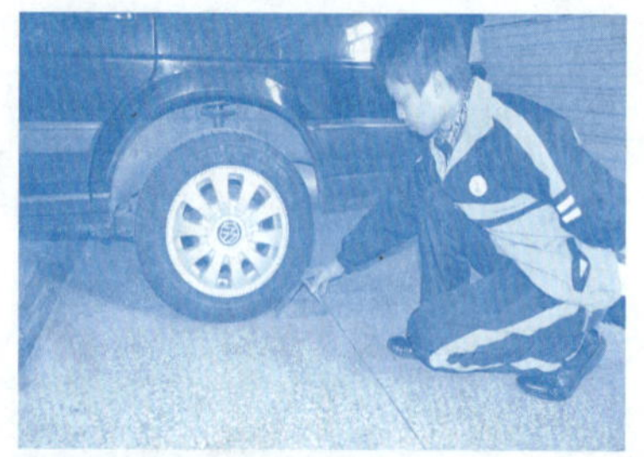

图 3-53　垫好车轮挡块

⑤支车时，四个支角应在同一平面上，调整支角胶垫高度使其接触车辆底盘支撑部位，如图 3–54 所示。

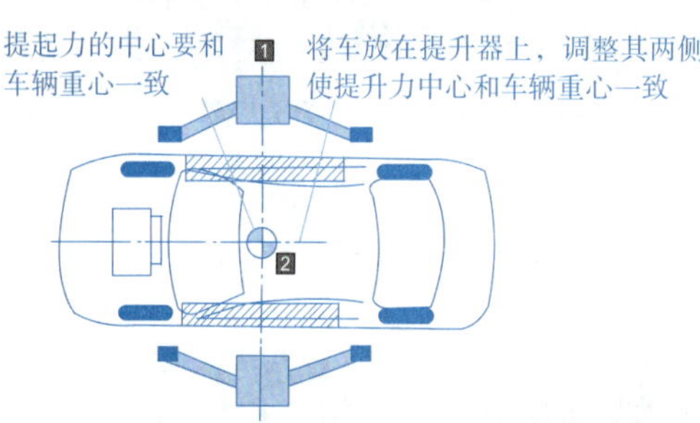

图 3-54　安装举升垫块

⑥和同伴共同作业时，按动控制开关前要告知同伴，稍举起时检查举升是否稳当（图 3–55）。

⑦举升机升降时，一般不能有人在车下，车辆下降到地时确保不会压到脚等身体任何部分（图 3–56）；车辆下降时确保车下和举升机下没有杂物，升降车辆时要密切观察车辆是否平衡，注意是否有异常，图 3–57 所示为举升过程中举升机倾斜。

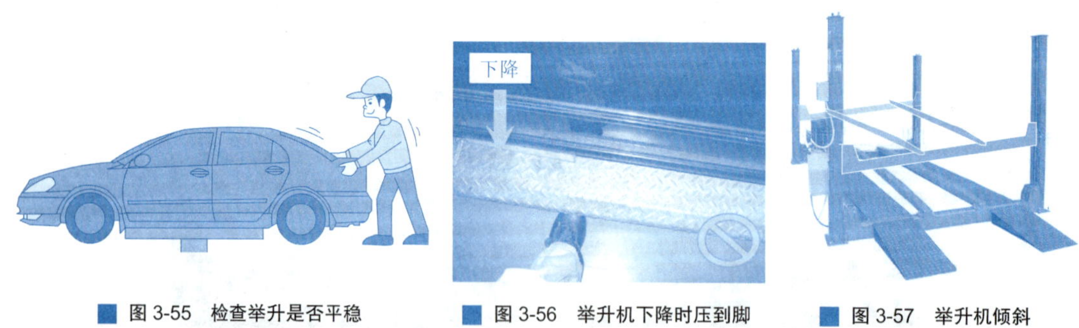

图 3-55　检查举升是否平稳　　图 3-56　举升机下降时压到脚　　图 3-57　举升机倾斜

⑧举升时人员应离开车辆，举升到需要达到的高度时，必须插入保险锁销，并确保安全可靠才可开始到车底作业。

⑨为安全考虑，作业工作量大时，应进行后备支撑，以在举升机意外下降时起到保护作用，下降前注意要取出，如图 3–58 所示。

⑩注意操作过程中，车辆的重心变化，如图 3–59 所示，发动机总成拆下后，车辆重心后移。

图 3-58 举升到位后进行支撑

图 3-59 发动机总成拆下后，车辆重心后移

任务三 汽车美容安全防护

活动一 汽车美容作业中的安全隐患

在汽车的美容作业中，为了保障人身财产的安全和生产的顺利进行，工作人员必须明确汽车美容安全防护知识，懂得并掌握与生产有关的安全技术知识，自觉执行安全操作规程。

汽车美容作业中的安全隐患

在汽车美容作业中存在的安全隐患主要有：

（1）汽车美容使用的材料中，部分产品含有有机溶剂，当其蒸气与空气混合达到一定比例时，一遇火源（不一定是明火）就会发生爆炸。

（2）汽车美容产品和汽车涂料中，部分颜料和添加剂等都有毒性，大量吸入或长期接触皮肤，将可能致人中毒。

（3）现代汽车科技含量很高，操作稍有不慎，就会引起汽车电器自锁故障甚至损坏汽车电器或车身装饰，造成不必要的损失。

（4）汽车美容作业离不开用电，而潮湿的作业场所是用电安全的一大隐患。

（5）废弃涂料、溶剂或被汽车美容用品和其他材料污染的废抹布等保管不善，堆积在一起容易产生自燃。

（6）不遵守防火规则，在作业现场吸烟或使用明火会引发火灾。

因此必须采取有效的安全技术措施防火、防爆、防中毒和防触电，确保生产顺利进行。作为汽车美容作业人员，一方面应该熟练掌握汽车美容作业的规范、操作技能及所使用的产品性能；另一方面，必须掌握作业中的安全防护知识，如了解汽车美容作业中常见的事故及其预防措施，以及一般的急救常识。

活动二　汽车美容安全事故预防

1. 清洗、护理作业安全注意事项

汽车表面清洗、护理中所使用的清洗剂多数都带有一定的毒性和腐蚀性，工作现场有水、电、气等，都有一定的危险性。为确保工作安全，人员和设备无损伤，工作人员必须遵守以下安全工作规则：

（1）工作人员必须从思想上重视安全工作，以高度的责任感和严肃的态度认真工作。工作中要树立“安全第一、客户至上、精心服务”的观念，严格遵守操作规程，杜绝事故的发生。

（2）工作人员必须熟悉工作现场及周围环境，了解水、电、气开关的位置及救护器材的位置，以备应急之用。工作人员必须熟悉工作安全技术，清洗剂的使用方法和急救方法。

（3）注意用电安全。地线必须搭铁，防止漏电，使用电器时要严防触电，不要用沾水的手和湿物接触开关。工作结束后，要及时把电源切断。

（4）现场工作人员直接接触酸、碱液时，应穿工作服、胶靴，戴防腐蚀手套，必要时应戴防毒口罩。

（5）清洗、护理作业现场必须整洁有序，严禁烟火。清洗、护理现场应有消防设备、管路，要有充足的水源和电源，确保工作安全。清洗、护理设备在使用前应进行试运转，使用后应用清水冲净，设备按要求维护，如有故障应及时排除并妥善保管。

（6）工作中排放的清洗废液应符合排放要求，不许随地乱排放。

（7）工作安全工作要有专人负责，定期检查，并不断总结安全工作的经验，确保安全工作。

2. 修补涂装作业安全注意事项

操作者应熟知本工种作业特点和所使用设备的合理操作方法，保证安全工作。

（1）工作环境必须有良好的通风条件，室内工作（特别是喷涂时）要有良好的通风设备。

（2）操作前根据作业要求，穿好工作服和鞋，戴好工作帽、口罩、手套、鞋罩和防毒面具，如图 3-60 所示。在用钢丝刷、锉刀、气动工具和电动工具做金属表面处理时，需佩戴防护镜，以免眼睛脏污和受伤；如遇粉尘较多，应戴防护口罩，以防呼吸道感染。

（3）操作人员应熟悉所使用的设备，使用前应进行检查。打磨工作中应注意物面有无凸出毛刺，以防划伤手指，如图 3-61 所示。

图 3-60　喷涂作业

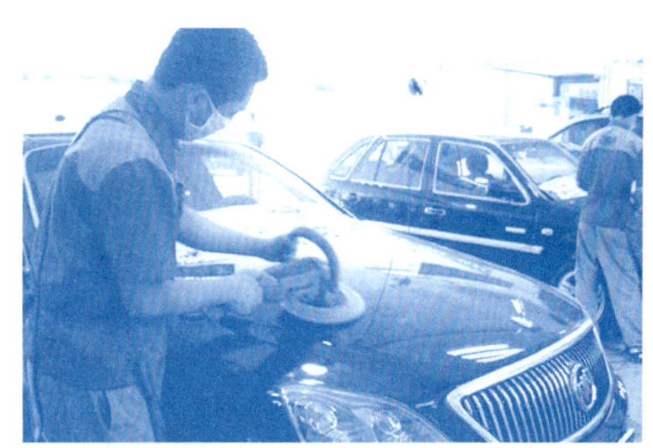

图 3-61　打磨作业

（4）酸碱溶液要妥善保管，小心使用。搬运酸碱溶液要使用专门的工具，严禁肩扛、手抱。清除旧漆膜时，必须佩戴乳胶手套和防护眼镜，穿戴涂胶围裙和鞋罩。登高作业时，凳子要牢固，放置要平稳，不得晃动，热天严禁穿拖鞋操作。

（5）工作场地的易燃品、棉纱等应随时清除，严禁烟火，涂料库房要隔绝火源，并有消防用品及严禁烟火的标志。

（6）工作完毕后将设备、工具清理干净，摆放整齐，剩余涂料及溶剂要妥善保管以防溶剂挥发。工作结束打扫工作场地时，用过的残漆、废纸、线头、废砂纸等要随时清理，放置在垃圾箱内。

任务四　典型案例分析

案例一　在喷漆房内施焊引起火灾

2013 年 4 月，某厂一电焊工甲，在总装车间喷漆房内焊接工件，电焊火花飞溅到附近有较厚油漆膜的木板上起火。在场的工人见状惊慌失措，有的拿扫帚扑打，有的用压缩空气灭火，造成火势扩大，后消防队经半小时扑救才熄灭，如图 3-62 所示。

图 3-62　喷漆房施焊引起火灾

【分析】

1.原因分析

(1)在禁火区焊接前未经动火审批，擅自进行动火作业，违反了操作规程。

(2)未清除房内的油漆膜和采取任何防火措施，就进行动火作业。

(3)灭火方法不当，错误地用压缩空气灭火，不但灭不了火，反而助长了火势，造成事故扩大的恶果。

2.防范措施

(1)禁止在喷漆房内进行明火作业。如必须施焊，应执行动火审批制度。

(2)清除一切可燃物。

(3)油漆房内应备有沙子、泡沫或二氧化碳灭火器材。

案例二　高压水枪漏电触电事故

6月8日下午1点左右，某汽车修理部职工甲、乙两人在汽车修理部对面路边的水井旁用高压水枪清洗甲的自备车。甲被水枪电击一下后便告诉乙水枪有电，乙怀疑甲的说法。于是甲再次尝试，之后便脚下一滑（穿拖鞋，手里还拿着水枪）仰面倒地。甲后脑着地，正好摔在水泥地上的钢筋环上。乙见状急忙拔下高压水泵的电源插头，并叫人帮忙把甲抬到干燥的地方，对甲进行胸部体外挤压按摩，按了几分钟发现甲并无反应，于是就拨打120急救电话。这时甲口吐白沫，往外呼气，眼睛半开，乙将甲送到镇中心卫生院急救室抢救，经抢救无效死亡，现场如图3-63所示。

图 3-63　高压水枪漏电触电事故现场

【分析】

1.原因分析

(1)按规定，当发现直接危及人身安全的紧急情况时，应停止作业或者在采取可能的应急措施后撤离作业场所，而甲在知道水枪漏电后还继续使用水枪，导致触电后仰面倒地。这是造成事故的直接原因。

(2)经现场勘查发现，甲仰面倒地的水泥地上正好有一个14mm粗的钢筋环凸出地面，甲后脑着地时正好摔在钢筋环上，后脑受伤导致死亡。

(3)汽车修理部负责人安全意识淡薄，安全管理制度不健全，对职工安全生产监管不严，是造成事故的间接原因。

2.防范措施

(1)企业要定期对员工进行安全知识培训，养成良好的安全意识。

(2)要定期对操作设备进行检查，防止设备有漏电等安全隐患。

(3)发现有安全隐患时，要停止作业，经检查设备正常后再作业，不能报侥幸心理。

(4)操作场地应符合要求，不能有尖锐的突出物，避免员工绊住摔跤，也避免员工摔跤时使事故升级。

案例三 起动车辆夹伤事故

2011年2月15日下午3点左右，在某修理部地沟附近，一辆车缺油，驾驶员甲在发动机舱起动开关，乙手工泵油。一外包单位员工围观时，手撑在风扇皮带上，被夹在皮带轮里，导致左手大拇指被严重夹伤，现场情况如图3-64和3-65所示。

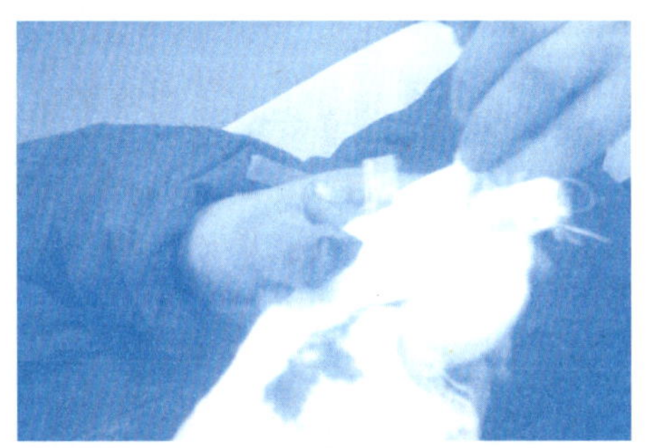

图3-64 事故受伤情况

图3-65 事故还原手放位置

【分析】

1.原因分析

(1)安全意识薄弱，施工现场有闲杂人员进入。

(2)起动车辆时未提醒或者未确定是否安全。

2.防范措施

(1)施工现场禁止闲杂人员进入。

（2）起动车辆时要提醒注意，要确定安全时才能起动。

（3）加强对职工进行有关的安全教育。

案例四　工具使用不当引起事故

2010年11月22日晚8时许，仪表台工位某员工使用扳手拆卸仪表台下压力开关螺母时，由于用力过猛，手掌撞到仪表台继电器安装支架上，造成手掌划伤约5cm伤口，如图3-66所示。

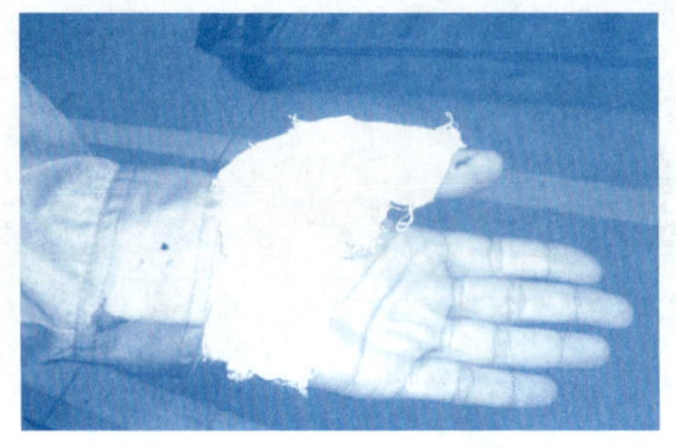

图3-66　工具使用不当受伤情况

【分析】

1.原因分析

（1）未佩戴手套防护，赤手作业，属野蛮操作行为。

（2）使用工具拆装作业时，用力向外推，导致身体不受控制而受伤。

2.防范措施

（1）要求全体员工正确佩戴劳保用品，任何情况下不得野蛮操作。

（2）使用工具拆装作业时，用力方向最好是朝向自己，而不能向外推，避免用力过大过猛时控制不住力度和身体而导致受伤。

案例五　误挂挡引起车辆行驶事故

5月18日上午10时左右，制造四部车间中巴线一名内饰员工在作业时不慎摔倒，碰到正在起动车辆的变速杆上面，导致车辆起步后压过车下挡块，5车追尾，将正在两车中间作业的两名员工夹伤，导致两名员工大腿和手臂骨折，事故现场如图3-67和3-68所示。

图3-67　误挂挡事故车辆受损

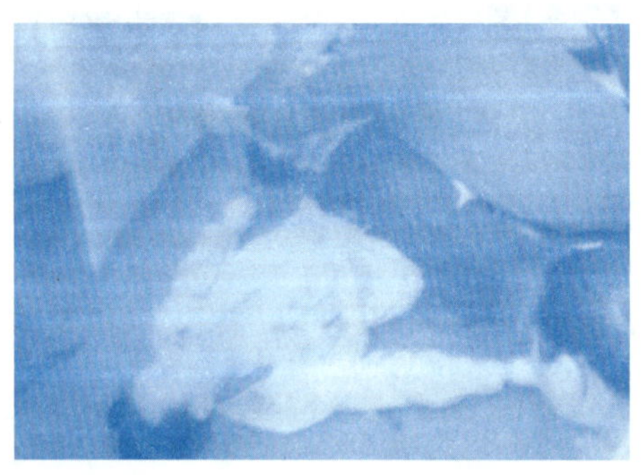

图3-68　误挂挡事故人员受伤现场

【分析】

1. 原因分析

（1）车辆起动中误挂挡，导致车辆前行。

（2）车下挡块过小失效。

2. 防范措施

（1）在车上作业时最好不要起动车辆。

（2）起动车辆后在制动踏板上最好安装制动锁，防止车辆起步。

（3）车辆挡块最好要规范，不要过于矮小，避免失效。

项目小结

（1）总装车间主要进行汽车的装配和调试作业，主要存在碰伤、划伤、砸伤以及车辆伤害等危险因素。

（2）工作前要穿戴好所规定的劳保防护用品，佩戴的劳保用品要符合工作场合。

（3）操作设备的人员，要持证上岗，禁止无证操作，严格按照安全操作规程操作。

（4）修理工作中的各环节可能接触噪声、粉尘以及振动等危害因素。

（5）喷漆作业的主要职业病危害因素是苯、甲苯、二甲苯，为了使喷漆均匀光亮，还可能加有酯类化合物等有机溶剂。

（6）钣金作业的职业病危害是噪声、电焊烟尘、电焊弧光。钣金作业还可能存在电焊烟尘、金属锰及其化合物，由于电焊产生的高温，可能产生氮氧化物、臭氧、氟化物、紫外辐射等。

（7）个人安全就是保护自己免受伤害，包括使用防护装置、穿戴安全、行为遵守职业规范和正确使用工具及设备。

（8）常见的危险性材料有化工材料、废气、空调制冷剂、燃油、润滑油、润滑脂、溶剂、石棉等。

（9）不要让液态制冷剂接触到眼睛或皮肤，避免吸入空调制冷剂和润滑油的油雾。

（10）石棉本身并无毒害，它的最大危害来自于它的纤维，当这些细小的纤维被吸入人体内，就会附着并沉积在肺部，容易诱发肺癌等肺部疾病。

（11）举升前要查看剪式举升机安全操作规程，操作人员必须熟知各项功能及操作方法。

（12）汽车美容使用的材料中，部分产品含有有机溶剂，当其蒸气与空气混合到一定比例时，一遇火源就会发生爆炸。

（13）汽车美容产品和汽车涂料中，部分颜料和添加剂等都有毒性，大量吸入或长期接触皮肤，将可能引起中毒。

技能训练

训练一　油漆作业前劳保防护用品穿戴

情景设计：马上要进行油漆作业，请穿戴好劳保防护用品。

训练二　电焊作业前劳保防护用品穿戴

情景设计：马上要进行电焊作业，请穿戴好劳保防护用品。

训练三　举升机安全升降车辆

情境设计：某轿车在维修中要对底盘进行检查作业，请安全升降车辆。

技能训练的考核表见表3–2。

技能考核表　　表3-2

考核项目及分值	考核内容	评分标准	评分记录
准备工作10分	（1）准备油漆、电焊劳保防护用品 （2）准备电焊所需设备及材料 （3）举升机、车辆等	（1）工具设备少一样扣2分 （2）未检查扣5分	
油漆作业劳保防护用品穿戴25分	（1）选择合适的劳保防护用品 （2）穿戴正确	（1）选择错误扣10分 （2）穿戴不对扣5~10分	
电焊作业劳保防护用品穿戴25分	（1）选择合适的劳保防护用品 （2）穿戴正确	（1）选择错误扣10分 （2）穿戴不对扣5~10分	
举升车辆30分	（1）正确安装车轮挡块、举升垫块 （2）正确操作举升机 （3）举升、下降的各项检查及安全事项	（1）未安装车轮挡块扣5分 （2）安装错误扣10分 （3）操作方法错误扣10分 （4）安全检查漏一项扣10分	
团队合作10分	（1）组员分工 （2）组员配合	（1）组员分工不明确扣5分 （2）组员配合不默契扣5分	
考核时限	全部考核内容应在规定的时间内完成	（1）超时每分钟扣5分 （2）超时5min即停止记分	

注：没有按照操作流程操作，出现人身伤害或设备严重事故，本项目考核结果为0分。

项目评测

一、判断题（对的画“√”，错的画“×”）

1. 危险品仓库内储存的物品不能超过消防的规定。（ ）

2. 在拆装汽车时，为了提高拆装效率，可以不选择工具，只要将零件拆下来就行。（ ）

3. 维修人员在两人一起工作的情况下，务必相互提醒，确认对方的反映。（ ）

4. 拆装零部件时，可以用铁锤直接敲击零件。（ ）

5. 维修人员要随时整理、整顿场地，保持清洁。（ ）

6. 在车上修理作业及用汽油清洗零件时，不得吸烟；可以在修理汽油车时在车辆旁边烘烤零件或点燃喷灯等。（ ）

7. 拆卸燃油管路前要先对燃油系统进行泄压。（ ）

8. 发动机在运转中可以进行检修工作。（ ）

9. 操作制冷剂遇到意外时，应用热水冲洗接触制冷剂的部位。（ ）

10 发动机过热时，可以打开散热器盖。（ ）

11. 保存和搬运制冷剂气瓶时，应按要求存放；严禁对制冷剂气瓶直接加热或放在 40℃以上的水中加热。（ ）

12. 电焊条要干燥、防潮，工作时应根据工件大小选择适当的电流及焊条，电焊作业时，操作者要戴面罩及劳保防护用品。（ ）

二、单项选择题

1. 技师甲在使用扭力扳手后将扭力扳手与其他工具混乱放置在一起；技师乙在使用扭力扳手时，先看扭力扳手的最大力矩是否小于螺栓的规定拧紧力矩，避免扭力扳手过载使用。做得正确的是（ ）。

A. 只有甲对 B. 只有乙对 C. 甲、乙都对 D. 甲、乙都不对

2. 技师甲在使用锉刀锉削几次后使用轻轻敲击锉刀的方法将铁屑擦除掉。技师乙在使用锉刀锉削时，左右晃动以加快锉削速度，做得正确的是（ ）。

A. 只有甲对 B. 只有乙对 C. 甲、乙都对 D. 甲、乙都不对

3

3. 慢性苯中毒对人体损害最大的是（ ）。

A. 呼吸系统 B. 消化系统 C. 造血系统 D. 神经系统

4. 静电电压可发生现场放电，产生静电火花，引起火灾，请问静电电压最高可达（ ）。

A. 50V B. 220V C. 380V D. 数万 V

5. 汽油着火，不能使用的灭火剂是（ ）。

A. 水 B. 干粉 C. 化学泡沫 D. 沙土

三、填空题

1. 有护栏的工位禁止________，在起吊工位，车辆升降下禁止________。

2. 特种设备必须有________进行操作，普通设备必须有________方可操作。

3. 工作中如发现有不安全隐患，应立即________，待找出原因排除方可工作，情况严重的应向________报告。

4. 当工作环境存在损伤眼睛的风险时，就要戴上________，当眼睛进入灰尘或少量液体时，要在________清洗，________可以增强对脚的保护，在操作旋转的工具或者工作在一个有旋转运动的地方时，不要________。

5. 汽油是一种________的挥发性液体，一定要将汽油和柴油装在安全油箱中，存储间应当________，沾油的抹布也要存放在符合标准的________中。

6. 石棉本身并无毒害，它的最大危害来自于它的________，当这些细小的纤维被吸入人体内，就会附着并沉积在肺部，造成________。世界卫生组织（WHO）的附属机构国际癌症研究组织（IARC）已经宣布石棉是________。

项目四

其他工种作业安全与防护

知识目标

完成本项目学习后，你应：

（1）知道危险化学品的分类、特性及安全防护。

（2）知道物流作业安全与防护方法。

（3）知道叉车操作的安全注意事项。

（4）知道各种特种设备的安全隐患及预防措施。

（5）能对各种安全案例进行分析，并从中吸取经验教训。

技能目标

完成本项目学习后，你应能：

（1）对危险化学品产生的安全事故现场进行正确应急处置，并对受伤人员进行急救。

（2）对腐蚀品撒漏、危险化学品中毒产生的安全事故现场进行正确应急处置，并对受伤人员进行急救。

（3）在发生电梯故障时进行自救。

任务一　危险化学品类安全与防护

活动一　危险化学品安全隐患分析

化学品指各种化学元素及由元素所组成的化合物及其混合物，无论是天然的还是人造的。

危险化学品指有爆炸、易燃、毒害、腐蚀、放射等性质，在运输、装卸和储存保管过程中，易造成人身伤亡和财产损毁而需要特别防护的物品。危险化学品行业是高危行业，具有事故多发、损失巨大、社会影响重大的特点。

危险化学品特征：

（1）具有爆炸、易燃、毒害、腐蚀、放射等性质。

（2）在生产、运输、使用、储存和回收过程中易造成人员伤亡和财产损毁。

（3）需要特别防护。

一般认为，只要同时满足了以上三个特征，即为危险品。

1. 危险化学品的分类

国家质量技术监督局于2012年修订了国家标准《危险货物分类和品名编号》（GB/T 6944—2012）及《危险货物品名表》（GB/T 12268—2012），根据运输的危险性将危险货物分为九类，并规定了危险货物的品名和编号。危险化学物品的安全标签如图4-1和图4-2所示。

图4-1　各种危险化学物品安全标签

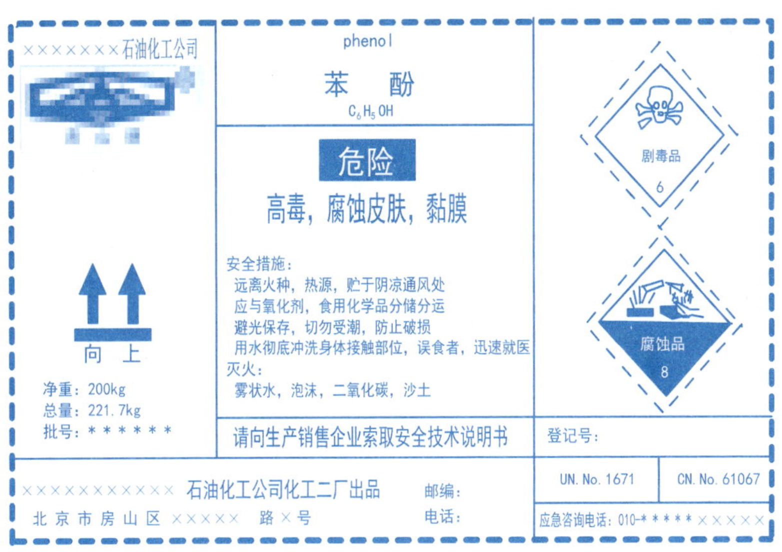

图 4-2　安全标签

2. 危险化学品的危险特性

危险化学品具有多样性特征。一种危险品也可有多种危险特性。常见的危险特性有爆炸性、燃烧性、毒害性、腐蚀性等。

1）第 1 类　爆炸品

爆炸品指在外界作用下（如受热、摩擦、撞击等）能发生剧烈的化学反应，瞬间产生大量的气体和热量，使周围的压力急剧上升，发生爆炸，对周围环境、设备、人员造成破坏和伤害的物品。爆炸品在国家标准中分 5 项，其中有 3 项包含危险化学品，另外 2 项专指弹药。

化学爆炸品的主要特点：反应速度极快，放出大量的热，产生大量的气体，只有上述三者都同时具备的化学反应才能发生爆炸。对这类危险品，只有做好事故的预防工作，一旦发生爆炸，是无法扑救的。扑救爆炸品火灾，禁用酸碱灭火器，切忌用沙土覆盖，以免增强爆炸物品爆炸时的威力。可用水或其他灭火器灭火，施救人员应配备防毒面具。

2）第 2 类　压缩液化气体

压缩液化气体指压缩的、液化的或加压溶解的气体。这

【案例】如图 4-3 所示，2009 年某日下午，某大学微生物实验室，厌氧培养箱在调试过程中发生气体爆炸。如图 4-4 所示，某公司“11 · 20”爆炸事故。

图 4-3　某大学发生气体爆炸

图 4-4　某公司“11 · 20”爆炸事故

4

类物品当受热、撞击或强烈振动时，容器内压力急剧增大，致使容器破裂，物质泄漏、爆炸等，如图 4–5 所示。

压缩液化气体又分为：

（1）易燃气体，如氨气、一氧化碳、氢气等。

（2）不燃气体，如氮气氧气（包括助燃气体）等。

（3）有毒气体，如氯（液化的）、氨（液化的）等。

（4）有毒易燃气体，如氯乙烯等。

3）第 3 类　易燃液体

常温下以液态存在，其闪点在 60℃以下的物品称为易燃液体。按照闪点分为低闪点液体、中闪点液体和高闪点液体。

（1）低闪点液体，即闪点低于 –18℃的液体，如乙醛、丙酮等。

（2）中闪点液体，即闪点在 –18~23℃的液体，如苯、甲醇等。

（3）高闪点液体，即闪点在 23~61℃的液体，如环辛烷、氯苯、苯甲醚等。

易燃液体的特点：一般密度小、沸点低、易燃、易挥发和易流动扩散。易燃液体挥发的蒸气与空气中氧混合达一定比例遇明火就会产生爆炸。易燃液体的火灾发展迅猛，常伴随爆炸，难以扑救。图 4–6 所示为禁止携带易燃易爆危险品上车；图 4–7 所示为“7・22”京珠高速路大客车燃烧事故。

图 4-5　压缩液化气体

图 4-6　严禁携带易燃易爆危害品

图 4-7　“7・22”京珠高速路大客车燃烧事故

4）第 4 类　易燃固体、自燃物品和遇湿易燃物品

（1）易燃固体。在常温下以固态形式存在，燃点较低，遇火受热、撞击、摩擦或接触氧化剂能引起燃烧的物质，称易燃固体。如赤磷、硫黄、松香、樟脑、镁粉、煤粉、氨基酸等，如图 4–8 所示。其中燃点越低分散程度越大的易燃固体危险性越大，尤其是粉状的易燃物与空气中的氧混合达到一定比例时，遇明火会产生爆炸。

易燃固体特点：易燃固体燃烧迅猛，扑救困难。

易燃固体存放时应适量存放，不宜过多，与邻库有一定安全距离，不得与忌配物质混存。

a）硫黄　　b）镁粉　　c）火柴头

图 4-8　易燃固体

（2）自燃物体。凡本身由于物理、化学、生物学变化放热，达到自身燃点引起自行燃烧，不需外界明火引燃的物体称为自燃物体。

自燃物体特点：化学性质活泼、燃点低、易氧化，氧化分解时能放出大量的热，当热达到自身燃点时即自行燃烧。如白磷的燃点为 34℃，在空气中极易自燃；硝化纤维素的燃点为 120 ~ 160℃，在存放较久、通风不善、大量堆放的条件下也可能发生自燃。图 4-9 所示为人们俗称的鬼火，其实是白磷自燃。图 4-10 所示为煤矿自燃。

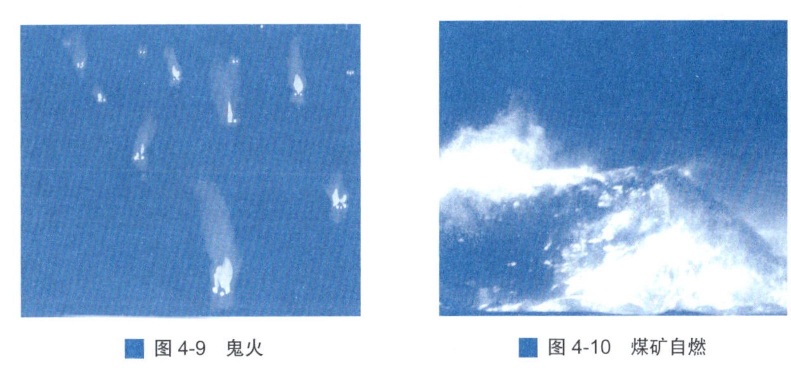

图 4-9　鬼火　　图 4-10　煤矿自燃

（3）遇湿易燃物。凡是吸收空气中水蒸气或接触到水分时，能迅速分解产生高温并放出易燃气体引发燃烧的物品称为遇湿易燃物。

遇湿易燃物特点：

①活泼金属。如锂、钠、钾等与水接触发生化学反应产生易燃的氢气（图 4-11）。

②金属氢化物。如氢化锂、氢化钠、氧化钙等与水接触也产生氢气。

③金属碳化物。如电石与水接触产生易燃的乙炔气。图 4-12 所示为载电石的货车与水发生化学反应发生自燃。

④连二亚硫酸钠（保险粉）。遇水后产生易燃的氢气、硫化氢和二氧化硫。

遇湿易燃物存放时绝对禁止露天存放。

图 4-11　钠与水产生化学反应

图 4-12　载电石货车发生自燃

5）第 5 类　氧化剂和有机过氧化物

氧化剂和有机过氧化物具有强氧化性，易引起燃烧、爆炸、中毒和腐蚀，如图 4-13 所示。

（1）氧化剂。氧化剂指具有强氧化性，易分解放出氧和热量的物质，对热、振动和摩擦比较敏感。如氯酸铵、高锰酸钾等。

（2）有机过氧化物。有机过氧化物指分子结构中含有过氧键的有机物，其本身是易燃易爆、极易分解，对热、振动和摩擦极为敏感。如 BPO 等。

6）第 6 类　毒害品

毒害品指进入人（动物）肌体后，累积达到一定的量能与体液和组织发生生物化学作用或生物物理作用，扰乱或破坏肌体的正常生理功能，引起暂时或持久性的病理改变，甚至危及生命的物品。如各种氰化物、砷化物、化学农药等。

毒害品可使人中毒身亡，有的毒害品与其他物质反应可释放出有毒的气体或烟雾或发生爆炸，有许多毒害品同时还具有较强的腐蚀性，图 4-14 所示为某废品站氨气罐泄漏，造成两拆卸工人中毒。

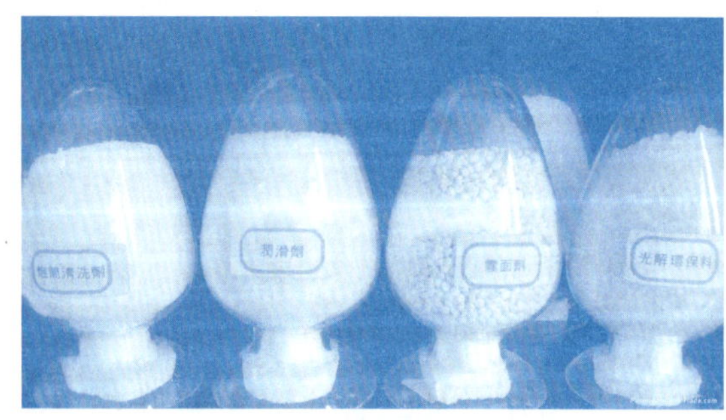

图 4-13　氧化剂和有机过氧化物

图 4-14　某废品站氨气罐泄漏，造成两拆卸工人中毒

7）第 7 类　放射性物品

放射性物品属于危险化学品，但不属于《危险化学品安全管理条例》的管理范围，

国家还另外有专门的“条例”来对其进行管理。放射源类别见表 4–1。日本核电站受损主要放射性物质如图 4–15 所示。

放射源类别　　表 4-1

类　别	接触死亡时间	备　注
1 类（极高危险源）	几分钟至几小时	
2 类（高危险源）	几小时至几天	
3 类（危险源）	几天至几周	接触几小时，永久性损伤
4 类（低危险源）	长时间、近距离造成可恢复性损伤	基本不会对人造成永久性损伤
5 类（极低危险源）	不会对人造成永久性损伤	

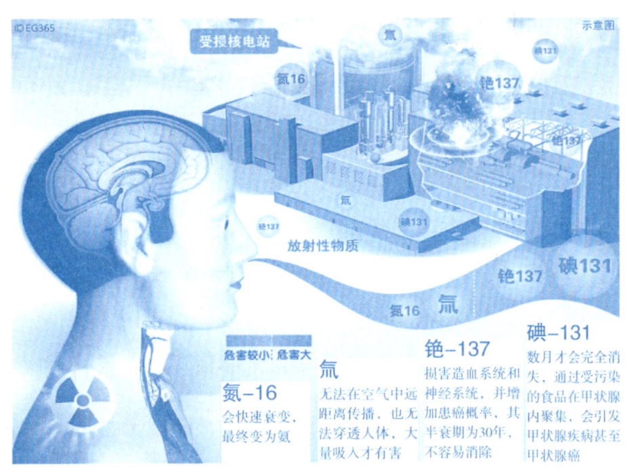

图 4-15　日本核电站受损主要放射性物质

8）第 8 类　腐蚀品

腐蚀品指能灼伤人体组织并对金属等物品造成损伤的固体或液体。这类物质按化学性质分为 3 类：

（1）酸性腐蚀品，如硫酸、溴素、硝酸、盐酸等，如图 4–16 所示。

（2）碱性腐蚀品，如氢氧化钠、硫氢化钙等。

（3）其他腐蚀品，如二氯乙醛、苯酚钠等。

腐蚀品具有腐蚀性、有毒性、有些具有自燃和易燃性及爆炸性。

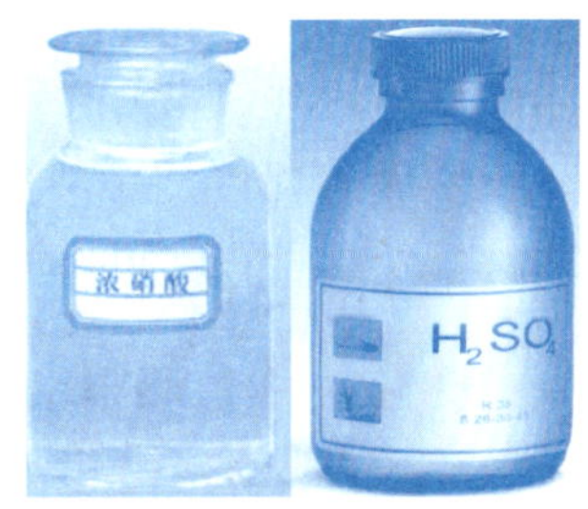

图 4-16　硝酸和硫酸

9）第 9 类　杂项危险物质和物品

杂项危险物质和物品指具有其他类别未包括的危险的物质和物品，如危害环境物质、高温物质，经过基因修改的微生物或组织等。

3. 职业病危害因素和职业病

职业病危害因素包括：职业活动中存在的各种有害的化学、物理、生物因素以及在作业过程中产生的其他职业有害因素。职业病危害因素存在于劳动过程、生产过程、生产环境中。

（1）劳动过程中的职业病危害因素：

①劳动组织和制度不合理，如劳动时间过长、劳动作息制度不合理。

②劳动强度过大或劳动组织安排不当。

③人体个别器官或系统过度紧张，如视力紧张。

④不良的人机因素，如不良的劳动体位。

（2）生产过程中的职业病危害因素：

①化学因素。有毒物质，如铅、一氧化碳、煤尘。

②物理因素。异常的气候条件和工作环境，如高温、高压、低温、低压、紫外线、噪声、振动。

③生物因素。如霉菌、布氏杆菌。

（3）生产环境的职业病危害因素：

①生产场所设计不符合卫生标准，如厂区总平面布置不合理。

②缺乏必要的安全卫生技术设施，如缺乏适当的机械通风、缺少人工照明灯。

③缺乏安全防护设施，如缺乏防尘、防毒、防暑降温、防寒保暖等设施或设施不完善；防护器具、个人防护用品等不足或有缺陷。

（4）职业病危害因素的作用条件。职业病危害因素能否引起职业性损伤，取决于作用的条件。

①接触机会。若作业环境恶劣，职业病危害严重，可是劳动者不到此环境中工作，也就没有接触机会，就不会产生职业性损伤。

②作用强度。主要取决于接触量。接触量又与作业环境中有害物质浓度和接触时间有关，浓度（强度）越高，接触时间越长，危害越大。

③毒物的化学结构和理化性质。

④个体危险因素。某一人群处在同一环境，从事同一种生产劳动，但每个人受到职业性损伤的程度差别较大。

a. 遗传因素。如过敏的人容易受有毒物质的影响。

b. 年龄和性别。青少年、老年人和妇女对某些职业病危害因素较敏感，其中尤其要重视妇女从事有职业病危害因素的生产劳动对胎儿、哺乳儿的影响。

c. 营养状况。营养缺乏的人易受有毒物质的影响。

d. 文化水平和习惯因素。有一定文化和科学知识者，能自觉预防职业性损伤。

e. 生活上的某种嗜好。如饮酒、吸烟的人，容易受到职业性损伤。

活动二 危险化学品职业危害防护

1. 国家对危险化学品行业的要求

（1）增强法律意识，整顿规范市场秩序。

（2）提高企业安全管理水平。

（3）加强基础环节的安全防范，加强培训、持证上岗、提高素质。

（4）强化监督管理，保障经济的可持续发展。

（5）分区、分类、分库储存。

（6）严格安全监管。

2. 危险化学品的安全储存

（1）危险化学品储存场所要符合消防安全条件。如各类物品仓库、储罐、堆场等建筑物的选址，建筑结构构造、电气设备、防爆泄压、灭火设施等都要满足消防安全要求。

（2）危险化学品要分类储存。易燃易爆化学物品品种繁多，性质各异，储存时要分区、分类、定品种、定数量、定库房储存，定人员管理。化学性质或灭火方法相互抵触的物品，不准同库储存。危险化学品储存方式分为三种：

①隔离储存。在同一房间或同一区域内，不同的物料之间分开一定的距离，非禁忌物料间用通道保持空间的储存方式。

②隔开储存。在同一建筑或同一区域内，用隔板或墙，将其与禁忌物料分离开的储存方式。

③分离储存。在不同的建筑物或远离所有建筑的外部区域内的储存方式。

（3）物品进、出库要检查验收。

（4）堆垛衬垫要做到安全、整齐、合理、便于清点检查，做到不超高、不超宽、“五留距”，即留墙距、柱距、顶距、灯距、垛距。

（5）保管人员要做到一日三查，发现问题及时处理，消除隐患。

3. 危险化学品安全防护

1）防中毒

大多数化学药品都有不同程度的毒性。有毒化学药品可通过呼吸道、皮肤和消化

4

道进入人体而引起中毒现象，如图 4–17 所示。如氟化氢侵入人体，将会损伤牙齿、骨骼、造血和神经系统；烃、醇、醚等有机物对人体有不同程度的麻醉作用；三氧化二砷、氰化物、氯化高汞等是剧毒品，吸入少量会致死。

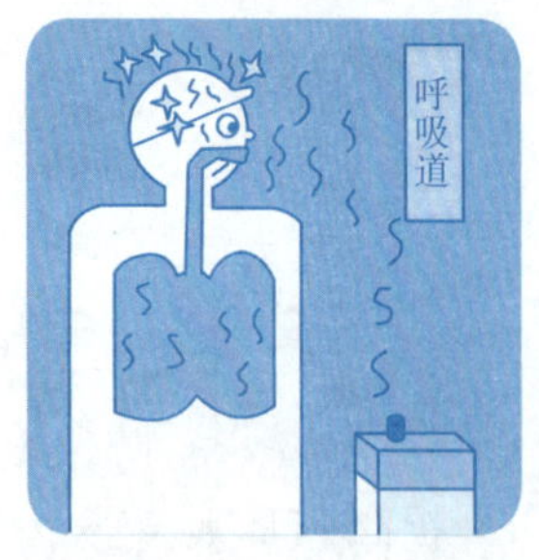

图 4-17　化学物品中毒渠道

（1）防毒技术措施。

①采取防毒管理教育措施。

②采用隔离操作。

③改革工艺。

④生产过程的密闭。

⑤通风排毒。

（2）个体防护措施。

①呼吸防护。戴防毒面具。

②皮肤防护。穿戴工作服、工作帽、工作鞋、手套、口罩、眼镜等，如图 4–18 和图 4–19 所示。

③消化道防护。搞好个人卫生。

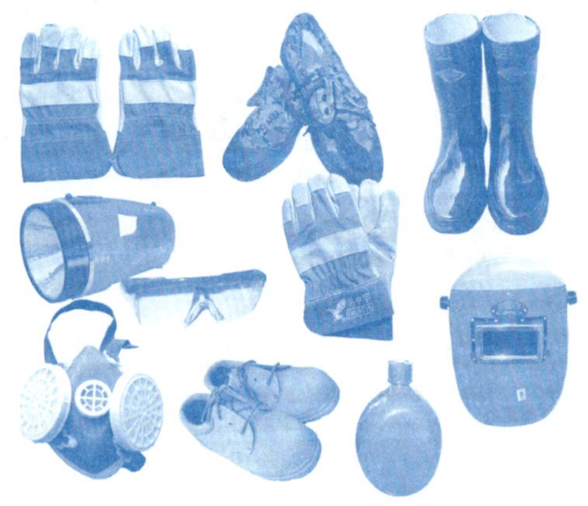

图 4-18　化学作业个人防护用品

图 4-19　清除放射性物质作业

2）防火

防止煤气管、煤气灯漏气，使用煤气后一定要把阀门关好；乙醚、酒精、丙酮、二硫化碳、苯等有机溶剂易燃，实验室不得存放过多，切不可倒入下水道，以免集聚引起火灾；金属钠、钾、铝粉、电石、黄磷以及金属氢化物要注意使用和存放，尤其不宜与水直接接触；万一着火，应冷静判断情况，采取适当措施灭火，可根据不同情况，选用水、沙、泡沫、二氧化碳或四氯化碳灭火器灭火。

救火原则：先控制、后消灭；先救人、后救物。

3）防爆

化学药品的爆炸分为支链爆炸和热爆炸。氢、乙烯、乙炔、苯、乙醇、乙醚、丙酮、乙酸乙酯、一氧化碳、水煤气和氨气等可燃性气体与空气混合至爆炸极限，一旦有一热源诱发，极易发生支链爆炸；过氧化物、高氯酸盐、叠氮铅、乙炔铜、三硝基甲苯等易爆物质，受振或受热可能发生热爆炸。

防爆措施。防止支链爆炸，主要是防止可燃性气体或蒸气散失在室内空气中，保持室内通风良好。当大量使用可燃性气体时，应严禁使用明火和可能产生电火花的电器；为预防热爆炸，强氧化剂和强还原剂必须分开存放，使用时轻拿轻放，远离热源。

4）防灼伤

除了高温以外，液氮、强酸、强碱、强氧化剂、溴、磷、钠、钾、苯酚、醋酸等物质都会灼伤皮肤，应注意不要让皮肤与之接触，尤其防止这些物质溅入眼中。

5）防汞中毒

汞是化学实验室的常用物质，毒性很大，且进入体内不易被排出，形成积累性中毒；高汞盐（如 $HgCl_2$）0.1~0.3 g 可致人死命；室温下汞的蒸气压为 0.0012 mmHg（1mmHg =133.322Pa），比安全浓度标准大 100 倍。

汞安全使用的操作规定：

（1）汞不能直接露于空气中，其上部应加水或其他液体覆盖。

（2）任何剩余量的汞均不能倒入下水槽中。

（3）储汞容器必须是结实的厚壁器皿，且器皿应放在瓷盘上。

（4）装汞的容器应远离热源。

（5）万一汞掉在地上、台面或水槽中，应尽可能用吸管将汞珠收集起来，再用能形成汞齐的金属片（Zn、Cu、Sn 等）在汞溅处多次扫过，最后用硫黄粉覆盖。

（6）实验室要通风良好；手上有伤口，切勿接触汞。

4

6）使用辐射源仪器的安全防护

化学实验室的辐射，主要是指 X 射线辐射，长期反复接受 X 射线照射，会导致人疲倦，记忆力减退，头痛，白血球降低等。

防护的方法就是避免身体各部位（尤其是头部）直接受到 X 射线照射，操作时需要屏蔽时，屏蔽物常用铅、铅玻璃等。

活动三　危险化学品安全急救

1. 烫伤

烫伤可先用稀高锰酸钾（$KMnO_4$）或苦味酸溶液冲洗灼伤处，再在伤口处抹上黄色的苦味酸溶液、烫伤膏或万花油。

2. 酸碱蚀伤

若强酸或强碱溅在眼睛或皮肤上，应立刻用饱和碳酸氢钠（或稀氨水）或硼酸溶液冲洗，然后再用大量水冲洗。

3. 危险化学品引起火灾的扑救

（1）易燃液体火灾扑救。

①对密度比水小又不溶于水的烃基化合物。如燃油、十一烯酸、苯和苯系物的火灾，可用干粉，火势初起可用二氧化碳扑救，但不可用水，否则会扩大火灾。

②对不溶于水密度又大于水的物质，如二硫化碳等，可用水扑救，因水能覆盖在这类物质之上将火熄灭。

③能溶于水的易燃物。如甲醇、液氨等，发生火灾时可用雾状水、化学泡沫、干粉，也可用 1301、1211 等卤代烷系列灭火剂扑救。

（2）易燃固体火灾。发生火灾时可用雾状水、砂土、二氧化碳或干粉灭火剂灭火。

（3）自燃物体火灾。自燃物品起火时，除三乙基铝不能用水扑救外，其余均可用大量水来扑救，也可用砂土、二氧化碳或干粉灭火剂灭火。

（4）遇湿易燃物。发生火灾时，绝对禁止用水及含水泡沫灭火，可用砂土、二氧化碳或干粉灭火剂灭火。

（5）过氧化物。着火时，不能用水扑救；氧化剂用水灭火时，要防止水溶液流至易燃、易爆物品处。扑救有机过氧化物引起的火灾时，应特别注意爆炸的危险。

4. 腐蚀品撒漏事故的处理

（1）发现液体酸性腐蚀品撒漏，应及时撒上干砂土，清理干净后，再用水冲洗污染处；大量酸性腐蚀品溢漏时，可用石灰水中和。

（2）腐蚀品着火时，不可用柱状高压水灭火，应尽量使用低压水流或雾状水，以防腐蚀液体飞溅伤人；对遇水发生剧烈反应有可能引起燃烧、爆炸或放出有毒气体的腐蚀品，禁止用水灭火，可用干砂土、泡沫灭火剂、干粉灭火剂等扑救。火灾现场的强酸，应尽力抢救，以防高温爆炸，酸液飞溅；无法抢救搬离火灾现场时，可用大量水浇洒降温。

图 4-20 所示为一辆载有 17t 液氨的槽罐车发生交通事故，槽罐车四脚朝天，导致罐破裂发生严重泄漏，消防人员正在事故现场处理。

图 4-20　液氨罐车发生交通事故导致泄漏

（3）灭火时，人应站在上风口，扑救人员要注意防腐蚀、防毒气，必须穿戴防毒用品。遇有酸性或碱性腐蚀品，最好调制相应的中和剂稀释中和。

（4）皮肤沾染强酸时用大量水冲洗，或用小苏打、肥皂水洗涤，必要时敷软膏；溅入眼睛用温水冲洗后，再用 5% 小苏打溶液或硼酸水洗；进入口内立即用大量水漱口，服大量冷开水催吐，或用氧化镁悬浊液洗胃；呼吸中毒后立即移至空气新鲜处保持体温，必要时吸氧。

5. 危险化学品中毒急救

1）救护者的个人防护

中毒发生多因危险化学品由呼吸系统和皮肤进入人体。因此，救护者在进入危险区抢救之前，首先做好呼吸系统和皮肤的个人防护，佩戴好供氧式防毒面具或氧气呼吸器，穿好防护服。

2）切断毒物来源

如关闭泄漏管道阀门、停止加药、堵塞泄漏设备等。

3）采取有效措施防止毒物继续进入人体

（1）救护人员进入现场后，应迅速将中毒者转移至有新鲜空气处，并解开中毒者的颈、胸部纽扣及腰带，以保持呼吸通畅。同时对中毒者要注意保暖和保持安静，严密注意中毒者神志、呼吸状态和循环系统的功能。在抢救搬运过程中，不能强硬拖拉，以防造成外伤，使病情加重。

（2）清除毒物，防止其沾染皮肤和黏膜。当皮肤受到腐蚀性毒物灼伤时，不论其吸收与否，均应立即采取下列措施进行清洗，防止伤害加重。

①迅速脱去被污染的衣物、鞋袜、手套等。

②立即彻底清洗被污染的皮肤，清除皮肤表面的化学刺激性毒物，冲洗时间要达到15 ~ 30min。

③毒物进入眼睛时，应尽快用大量流水缓慢冲洗眼睛15min以上，冲洗时把眼睑撑开，让伤员的眼睛向各个方向缓慢移动。

④较大面积的冲洗，要注意防止着凉、感冒。

4）促进生命器官功能恢复

中毒者若停止呼吸，则要立即对其进行人工呼吸。人工呼吸的方法有压背式、振臂式和口对口三种。口对口效果最好，但是，若是毒物经口引起中毒，应禁用此法。

5）及时解毒和促进毒物排出

发生急性中毒后应及时采用各种解毒和排毒措施，降低或消除毒物对人体的作用。

经口引起的急性中毒，应立即用催吐或洗胃等方法清除毒物。如氯化钡、碳酸钡中毒，可口服硫酸钠，使肠胃尚未吸收的钡盐成为硫酸钡沉淀而防止吸收。氨、铬酸盐、铜盐、汞盐、醛类等中毒，可喝牛奶、生鸡蛋等缓解剂。

6. 常见中毒急救

1）硫化氢中毒

（1）中毒症状。

①眼部刺激症状。双眼刺痛、流泪、畏光、结膜充血、灼热、视力模糊、角膜水肿等。

②中枢神经系统症状。头痛、头晕、乏力、动作失调、烦躁、面部充血、抽搐、昏迷、脑水肿、意识模糊等。

③呼吸道症状。流涕、咽痒、咽痛、咽干、皮肤黏膜青紫、胸闷、咳嗽、呼吸困难、有窒息感等。

④重度中毒表现为血压下降、心律失常、肝肾功能损害等。在毫无准备下进入地窖、下水道等不通风的地方时，尚未等上述症状出现，即像受电击一样突然中毒死亡。

（2）急救措施。施救者应首先做好自身防护，佩戴自给式正压呼吸器并穿防化服。

①迅速将患者移离现场，脱去污染衣物，对呼吸、心跳停止者，立即进行胸外心脏按压及人工呼吸（忌用口对口人工呼吸，万不得已进行口对口人工呼吸时与病人间隔数层水湿的纱布）。

②尽早吸氧，有条件的地方尽早用高压氧进行治疗。

③防止肺水肿和脑水肿。宜早期、足量、短程应用糖皮质激素进行预防。

④换血治疗。

⑤眼部刺激处理。先用自来水或生理盐水彻底冲洗眼睛，局部用红霉素眼膏和氯霉素眼药水，每 2h 滴一次，预防和控制感染。同时局部滴鱼肝油以促进上皮生长，防止结膜连接。

2）氯气中毒

（1）中毒症状。

①皮肤损伤。接触高浓度氯气或液氯，可引起急性皮炎和灼伤，长期接触低浓度氯气可引起暴露部位灼伤、发痒，发生痤疮样皮疹或疱疹。

②眼部损伤。引起眼痛、畏光、流泪、结膜充血等急性结膜炎，高浓度时，造成角膜损伤。

③呼吸系统。引起胸闷、呼吸困难、咳痰，伴有头痛、乏力、恶心等胃肠反应。严重者休克、昏迷、肺泡性肺水肿、支气管哮喘或喘息性支气管炎。

（2）急救措施。

①皮肤接触时。立即脱去污染衣物，大量流动性清水冲洗。氯痤疮可用地塞米松软膏涂患处。

②眼睛接触时。提起眼睑，用流动清水或生理盐水进行冲洗，滴眼药水。

③若吸入，应迅速脱离现场至空气新鲜处。若呼吸心跳停止，应立即进行人工呼吸和胸外心脏按压术。

3）氨中毒

（1）中毒症状。

①吸入。轻度吸入中毒表现为鼻炎、咽炎、气管炎等，患者有咳嗽、胸闷等症状。

4

中度吸入则出现呼吸道黏膜刺激和灼伤、喉头水肿、肺水肿、气管阻塞，引起窒息。

②皮肤和眼睛接触。引起化学灼伤、眼睛持续性水肿、疤痕、白内障、严重者失明。

（2）急救措施。

①清除措施。若眼睛有刺痛感，应用大量清水或生理盐水冲洗 20min 以上，带隐形眼镜者，应立即取下。再慢慢滴 1 ～ 2 滴奥布卡因（0.4%）。

②接触浓度若不小于 500×10^{-6} 并出现眼刺激、肺水肿症状，推荐先喷 5 次地塞米松（用定量器），然后每 5min 喷一次，直至到达医院急症室为止。

任务二 物流类工作安全与防护

活动一 物流类工作安全隐患分析

安全系统的物流通常包括机器、设备、装置、生产环境中的物质以及驱动设备的能源。

狭义的物流即实物分配，包括企业、销售商自身的运输、仓储、包装和搬运等活动，如图 4–21 和图 4–22 所示。

图 4-21 运输

图 4-22 仓储

1. 物料储存

储存时必须视物料的性质，决定储存的方式与场所，其中更牵涉到搬运的机器设备与搬运人员的安全，不可不慎。

1）储存前准备

（1）建立系统、安全的物料储运体系。

（2）适时、适量、安全且有效率地将物料搬运至适当的储存地点。

（3）储存前应先确认有无爆炸、中毒及缺氧等危险。

（4）工人应配挂安全带及安全索等防护具，例如搬运铁板时应戴手套，以防割伤。

（5）搬运的空间、通道、照明、设备、人员资格，应符合标准。

2）储存方法

（1）物料的搬运，应尽量利用机械设备，以代替人力，如图 4–23 所示。

（2）强酸、强碱等腐蚀性物质的储存，应使用特别设计的容器。

（3）物料储存时应依物料的性质分区储存，有发生危险可能者（例如自燃、分解出毒气），应采取与外界隔离及温湿度控制等措施。

（4）物料储存位置与通道应明确标示，危险性物料（例如瓦斯、燃料等）应设警告标志，并具有适当的防火、防爆设施。

（5）容易倾倒的物料或容器（例如圆桶、瓦斯桶、氧气瓶），应固定牢靠，如图 4–24 所示。搬运时应使用搬运车辆（如手推车），以防止翻倒、滚动。

（6）物料储存应充分利用空间，集中管理，以节省人力与时间。

图 4-23　机械代替人力

图 4-24　气瓶应固定牢靠

3）堆放方式

（1）物料的堆放不得影响照明、阻碍交通或出入口、妨碍机械设备的操作、妨碍消防器具的紧急使用、阻碍自动洒水器及火警警报器的有效功用。

（2）不倚靠墙壁或结构支柱堆放为原则，物料质量不得超过堆放地最大安全负荷。

（3）捆扎物料的纤维缆索，如有一股已断或有损伤和腐蚀，不得使用。

（4）如作业地点高低差在 1.5m 以上时，应设置能使工人安全上下的设备。

（5）堆积物料时，较重、较大的物体应置于下层，确保平稳安全。

2. 搬运

1）人力搬运

人力搬运指没有借助外力（例如机械设备、畜力、重力等）的人工搬运行为。一般包括背负、抬举、卸下、推、拉、提携和握持等。人力搬运属于短距离的搬运，其质量限制在 40kg 以下。近来随着科技的发展，使得许多人力作业被机械取代，但是基于实际的条件及成本的考虑，仍有一些工作（如包装、仓储作业、装卸货物和物料等）无法以机械加以代劳，在很多情况下，人力搬运是无法避免的。人力搬运应特别注意搬运姿势的正确与否，以避免受到伤害，如图 4-25 和图 4-26 所示。

图 4-25　搬运姿势对比

a）不对称抬举　　b）物体宽度超过 1000mm　　c）重心不对称物体

图 4-26　不正确的搬运姿势

2）机器搬运

对于物料的搬运，应尽量利用机械设备来代替人力，凡 40kg 以上物品，以人力车辆或工具搬运为原则，500kg 以上物品，以机动车辆或其他机械搬运为宜。常见的搬运机器有堆高机、货车、拖车、吊车、起重机、输送机等，机械搬运的优点有：效率较高、用途较广、较为安全等。使用机械搬运应注意下列事项：

（1）以车辆机械作业时，运输路线，应妥善规划，并作标示。

（2）为防止物料倒塌、崩塌或掉落，应采取绳索捆绑、护网等必要措施。

（3）强酸、强碱等有腐蚀性物质的搬运，应使用特别设计的车辆或工具。

（4）搬运车辆及设备，应定期进行安全检查与维护。

（5）操作搬运车辆及设备的人员，必须持有操作证件。

3）搬运事故原因

因搬运过程中的意外，导致物料损失、设备损坏、人员伤亡及影响到生产作业，便称为搬运事故。搬运事故产生有如下原因。

（1）不安全的环境。如照明不足、道路狭窄、未妥善规划运输路线等。

（2）不安全的动作。如搬运姿势不正确、操作设备人员不持有操作证件，容易在移动中因搬运物料、设备碰撞受伤。

（3）物料质量过重，超出人员、机器的负荷，未采取绳索捆绑、护网等必要措施，造成物料倒塌、崩塌或掉落等。

（4）具有危险性、腐蚀性物质的搬运，未使用特别设计的车辆或工具。

（5）搬运的车辆及设备，未定期进行安全检查与维护。

4）叉车搬运

对于每一个叉车操作者务必做到三个了解。

（1）了解叉车。如叉车的基本构成、基本参数和工作特性。图 4–27 所示为查看叉车说明书，图 4–28 所示为叉车铭牌。

■ 图 4-27　查看叉车说明书

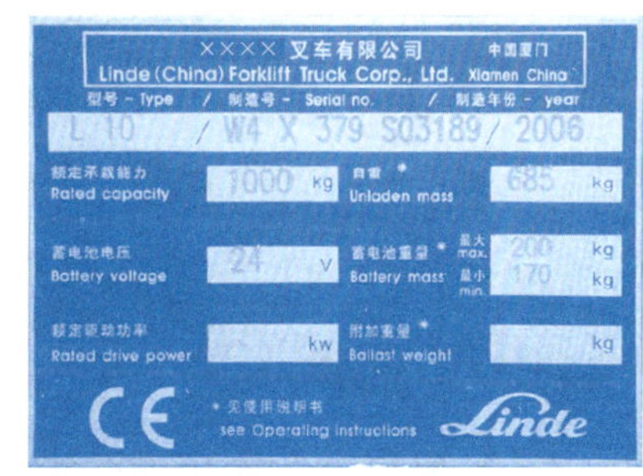

■ 图 4-28　叉车铭牌

图 4–29 所示为了解货叉离地距离，图 4–30 所示为不正确使用货叉。

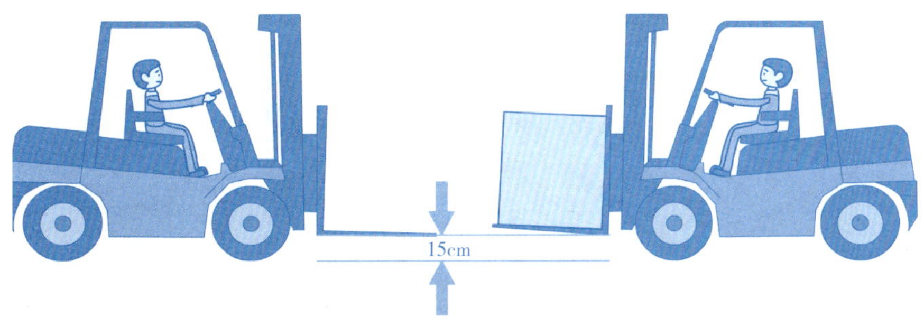

■ 图 4-29　货叉离地距离

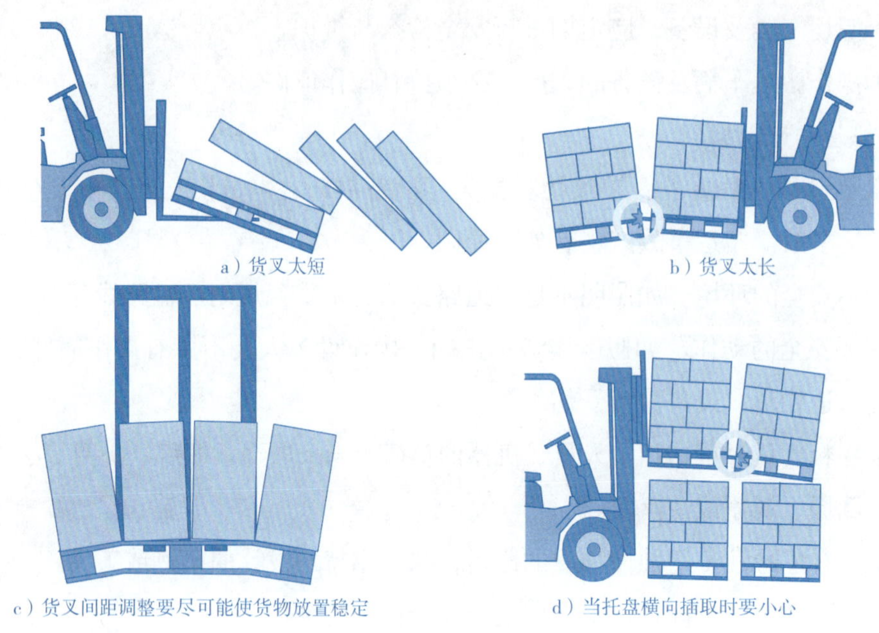

图 4-30　不正确使用货叉

（2）了解货物。如货物的质量、重心和货物包装如图 4-31 所示。

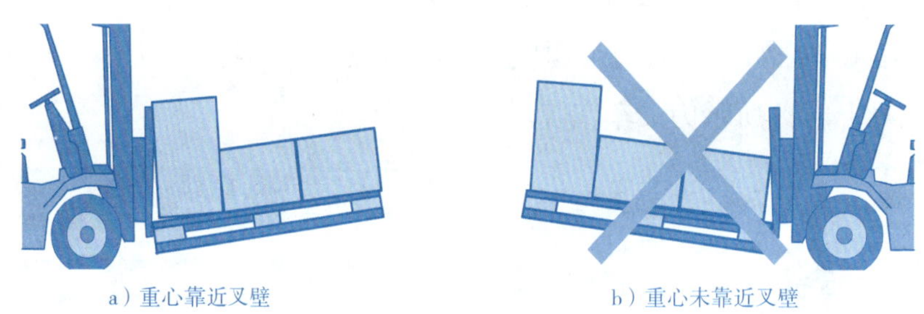

图 4-31　正确选择货物重心

（3）了解场地。如路面状况、通道平台和货架障碍物等位置。图 4-32 所示为注意路面情况，图 4-33 所示为不正确堆放货物，图 4-34 所示为坡道操作叉车。

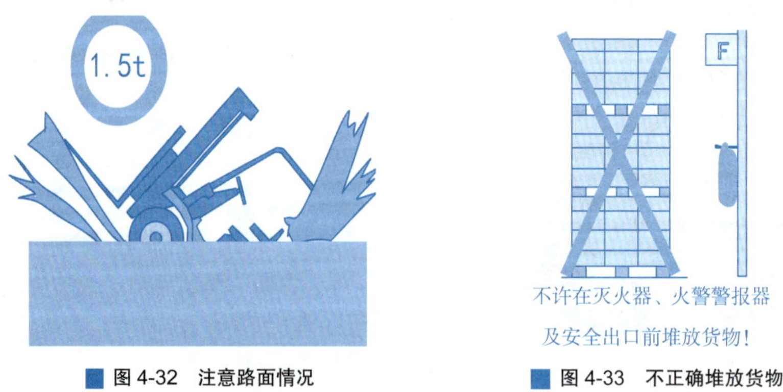

图 4-32　注意路面情况

图 4-33　不正确堆放货物

图 4-34　坡道操作叉车

3. 其他

（1）不能无证驾驶叉车，如图 4–35 所示。

（2）不能超载，如图 4–36 所示。

图 4-35　无证驾驶急转弯时翻倒

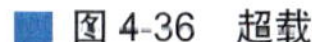

图 4-36　超载

（3）注意上方危险（图 4–37）。

叉车的碰撞会使货垛塌落

堆码货物时人员要离开货物坠落危险区

图 4-37　注意上方来的危险

（4）禁止紧急制动，如图 4–38 所示。

图 4-38　紧急制动造成翻车

（5）注意行人，操作区不让闲杂人员进入，如图 4–39 所示。

（6）不能站在提升的托盘上作业，如图 4–40 所示。

图 4-39　注意行人

图 4-40　不能站在提升的托盘上作业

4. 叉车事故案例

（1）被夹在倒退行驶的叉车和板之间，如图 4–41 所示。

事故原因：

①没有安装后视镜和倒车蜂鸣器。

②警报装置发生故障。

③驾驶员安全确认不足。

（2）使用维护不良的叉车作业时，装载货物落下，如图 4–42 所示。

图 4-41　叉车倒退行驶事故

图 4-42　叉车故障导致事故

事故原因：

①受害人进入到举升的装载货物下面。

②提升油缸和油压控制阀之间连接的高压油管老化，不能承受压力而发生破损。

活动二 搬运事故的预防

物料搬运时应以安全为第一原则。要防止搬运事故的发生，需要对搬运过程中可能造成的人员、设备伤害等情况进行预防。其要点如下。

1）制订妥善的搬运计划

物料搬运前必须要依据物料的性质（大小、形状、有无危险性等）、搬运的数量、距离、时间、质量及相关部门等，作确切的分析，制订妥善的搬运计划，确保安全及效率。具体说明如下：

（1）工厂设置初期，应适当规划物料搬运路线，使相关的部门或生产流程相邻，以减少搬运次数，增加效率。

（2）妥善规划及分析厂内需搬运的物料及成品，将同性质的搬运活动合并、简化，并分离出具有危险性的搬运，专门处理。应事先测定并确认无爆炸、中毒及缺氧等危险。

（3）搬运前应先了解所搬运物品的性质，搬运物料的大小、形状、质量应标准化，以利搬运。若物品质量在40kg以上，应以人力车辆或工具进行搬运。

（4）搬运的机器设备应符合安全规范，搬运前做好安全检查，操作人员应符合资格并了解机器性能。

2）以机器代替人力搬运

人工搬运的效率有限，过度与不当的人工物料搬运，是造成工人下背肌肉及骨骼伤害的主要因素之一。肌肉、骨骼疾病为最常发生的职业伤害。因此，应尽量利用机器搬运。

3）机器设备维护

机器设备于购置前应评估其性能是否足够，使用时必须做好定期检查与维护。其要点如下：

（1）编制各式检查表格。如日检、周检、月检、季检、半年检、年检表应认真编制，并严格执行，以确保机器的性能。

（2）机器维护、检修应由合格人员担任。

（3）机器有问题时，不可勉强使用。

（4）超过使用年限的机器，必须报废，不得再用。

4）足够的安全训练

足够的安全训练，不仅可以防止事故的发生，更可以增加工作效率。安全训练要点如下：

（1）新进企业的操作人员必须对其进行教育训练，协助其取得合格操作证照。

（2）应定期举行培训，使其熟练技能并增强安全观念。

（3）了解搬运物品的性质，发生意外时有对应的处理方法（如毒气外泄）。

（4）熟悉搬运工作，并遵守安全规范，避免不正当动作而导致伤害。

5）安全的搬运路线

物料搬运的路线应妥善规划，与行人通道分隔，并明显标示。其要点如下：

（1）有足够的照明。

（2）道路路面应平坦无颠簸，以保持物料及车身的平衡。路面如有物料、管线等障碍物，应立即清除。

（3）道路应有足够的承载能力，并具备足够的宽度。转弯处应有警告标示，并设置大型镜面，提供足够视线。

（4）搬运的通道及路线，应用油漆或警示灯明显标示。

6）使用个人防护器具

当意外发生时，个人防护器具可以提供最后的防护。

（1）按搬运的方式及物料的性质，穿戴适当的防护器具。

（2）搬运设备应有足够的防护设施，例如转动机件的防护。

（3）不得以天气热、不方便、太重等为由，不穿戴防护器具。

（4）防护器具应认真维护，一旦有损坏，应立即更换。

7）物料的安全处置

储存的物料，会因气候变化或自燃发火而产生危险，应与外界隔离及采取温湿度控制等措施。处置物料时应注意：

（1）遵守物料储存原则。

（2）搬运的物料不得直接放置于地上，必须使用垫板衬垫或置于容器中。

（3）使用规格化、合格的储存容器，提高搬运效率与安全性。

（4）不得影响照明、阻碍交通或出入口、阻碍机器操作、妨碍消防器具、阻碍自动洒水器及火警警报器的有效功用。

8）遵守安全作业程序

（1）遵守物料搬运标准，如强酸、强碱、高温、低温物料的搬运，必须由专门人员使用特殊的容器及运输车辆。

（2）人力搬运应采用适当的姿势，运用双腿力量。过重的物品必须使用机器搬运，或多人协助搬运。

（3）搬运过程中应遵守驾驶规则，并注意沿路的设备、行人、高压电线等。

（4）各搬运机器间应保持适当安全距离，机器若有损坏不得勉强使用。

（5）不得任意遗弃、乱放工具或物料。

（6）物料搬运时，应避免物料遮蔽视线，并避免后退搬运，如图4–43所示。

图4-43 搬运时不得被物料遮蔽视线

（7）搬运时应遵照原先规划的搬运路线，不得任意更换。

9）有效的管理与监督

（1）搬运车辆不得超速、超载，驾驶员必须具备驾驶资格，且不得过度疲劳。

（2）搬运设备应定期检查与维护，老旧机器应予更换。特种搬运车辆不得挪作他用，例如油罐车装水易使内部生锈。

（3）检讨缺失，改进搬运的程序和规划搬运的方法。搬运作业现场，必须有专人统一指挥及管理，大型车辆倒车时必须有助手引导。

（4）车辆加油检修、物料搬运作业现场，应严禁烟火。易燃性物品搬运时，应注意静电火花及碰撞火花。

（5）搬运的场所及车辆，应具备足够的急救设备，如医药箱、担架、氧气、灭火器等。

10）叉车的安全操作规程

（1）检查车辆。

①叉车作业前，应检查外观，加注燃料、润滑油和冷却水；检查起动、运转及制动性能；检查灯光、音响信号是否齐全有效。

②叉车运行过程中应检查压力、温度是否正常。

③叉车运行后还应检查外泄漏情况并及时更换密封件。

（2）起步。

①起步前，观察四周，确认无妨碍行车安全的障碍后，先鸣笛，后起步。

②叉车在载物起步时，驾驶员应先确认所载货物平稳可靠。

③起步时须缓慢平稳起步。

（3）行驶。

①行驶时，货叉底端距地面高度应保持300～400mm、门架须后倾，不得将货叉升得太高。进出作业现场或行驶途中，要注意上空有无障碍物刮碰。载物行驶时，如货叉升得太高，还会增加叉车总体重心高度，影响叉车的稳定性。

②转弯时，如附近有行人或车辆，应发出信号。并禁止高速急转弯。高速急转弯会导致车辆失去横向稳定性而倾翻。叉车由后轮控制转向，所以必须时刻注意车后的摆幅，避免初学者驾驶时经常出现的转弯过急现象。

③叉车在运行时要遵守厂内交通规则，必须与前面的车辆保持一定的安全距离，禁止载物行驶中紧急制动。卸货后应先降落货叉至正常的行驶位置后再行驶。

④禁止在坡道上转弯，也不应横跨坡道行驶。叉车载货下坡时，应倒退行驶，以防货物颠落。

⑤叉载物品时，应按需调整两货叉间距，使两叉负荷均衡，不得偏斜，物品的一面应贴靠挡货架，叉载的物品质量应符合载荷中心曲线标志牌的规定。载物高度不得遮挡驾驶员的视线。

⑥用货叉叉取货物时，货叉应尽可能深地叉入载荷下面，还要注意货叉尖不能碰到其他货物或物件。应采用最小的门架后倾来稳定载荷，以免载荷向后滑动。放下载荷时，可使门架略微前倾，以便于安放载荷和抽出货叉。

⑦叉车作业时，禁止人员站在货叉上。禁止人员站在货叉周围，以免货物倒塌伤人。禁止用货叉举升人员从事高处作业，以免发生高处坠落事故。

任务三　特种设备安全与防护

活动一　特种设备安全隐患分析

特种设备是指涉及生命安全、危险性较大的锅炉、压力容器（含气瓶，下同）、压力管道、电梯、起重机械、客运索道、大型游乐设施、厂（场）内机动车辆八大类及其所用的材料、附属的安全附件、安全保护装置和与安全保护装置有关的设施。

根据特种设备的结构特征和属性，通常将特种设备主要分为承压类和机电类两大类。承压类特种设备指锅炉、压力容器、压力管道三类特种设备，机电类特种设备指电梯、起重机械、客运索道、大型游乐设施、厂（场）内机动车辆五类特种设备。

1. 承压类特种设备的故障原因及危害

1）承压类特种设备的故障原因

承压类特种设备主要包括锅炉、压力容器、压力管道等。

（1）锅炉是指利用各种燃料、电力或者其他能源，将所盛装的液体加热到一定的参数，并承载一定压力的密闭设备。常见的锅炉如图 4-44 和图 4-45 所示。

（2）压力容器指盛装气体或者液体，承载一定压力的密闭设备。按压力容器在生产工艺过程中的作用原理分为反应压力容器、换热压力容器、分离压力容器和储存压力容器等。图 4-46 所示为反应釜，图 4-47 所示为卧式消毒锅。

（3）压力管道是指利用一定的压力，用于输送气体或者液体的管状设备。按《特种设备目录》分为长输管道、公用管道和工业管道三类。常见管道如图 4-48 和图 4-49 所示。

图 4-44　水管锅炉

图 4-45　卧式燃油（气）锅炉

图 4-46　反应釜

图 4-47　卧式消毒锅

图 4-48　长输管道

图 4-49　工业管道

承压类设备（此处以锅炉为例）爆炸的原因主要有以下几点：

①超压破裂。锅炉运行压力超过最高许可工作压力，使元件应力超过材料的极限

4

【案例】如图 4-50 所示，2002 年，某气瓶检验站环氧乙烷气瓶爆炸，死亡 3 人，重伤 1 人。

图 4-50 环氧乙烷气瓶爆炸

【案例】如图 4-51 所示。2004 年，某公司自备电厂锅炉炉膛爆炸，死亡 13 人，受伤 8 人。

图 4-51 锅炉炉膛爆炸

应力。超压工况常因安全泄放装置失灵、压力表失准、超压报警装置失灵，严重缺水事故处理不当引起。

②过热失效。钢板过热烧坏，强度降低而致元件破坏。通常因锅炉缺水干烧，结垢太厚，锅炉中有油脂或锅筒内掉入石棉橡胶等异物而致。

③腐蚀失效。因苛性脆化使元件强度降低。

④裂纹和起槽。元件受交变应力作用，产生疲劳裂纹，又由腐蚀综合作用，裂开成槽状减薄。

⑤水击破坏。因操作不当引起汽水系统水锤冲击，使受压元件受到强大的附加应力作用而失效。

⑥修理、改造不合理，产生锅炉爆炸的隐患。

⑦先天性缺陷。设计失误，结构受力、热补偿、水循环、用材、强度计算、安全设施等方面严重错误。制造失误，用错材料、不按图样施工、焊接质量低劣、热处理、水压试验等工艺规范错误引起。

2）承压类特种设备的安全隐患

锅炉是工业生产中常见的、特别容易发生灾害事故的特种压力容器设备，一旦由于操作失误等原因就会造成爆炸，导致人员伤亡和财产损失。由于锅炉房动力设备较多，产生的噪声及燃煤放出的二氧化硫等有毒有害气体，直接影响着职工和周围群众的健康，故应高度重视工业锅炉的职业危害问题，并采取可靠的措施加以预防。

（1）锅炉爆炸事故危害。主要是指锅炉超温、超压、缺陷及事故处理等不当，造成主要承压部件“锅筒、集箱、炉胆”等发生的破裂爆炸事故；也因锅炉炉水长期处理不当，造成的锅筒中饱和水爆炸事故等。锅炉爆炸主要产生的伤害有冲击波伤害、设备碎片伤害和介质伤害。

①冲击波伤害。锅炉压力容器内的介质一般是具有一定压力的气体、液化气体和高温液体，承压部件一旦破裂，介质即泄压或瞬时汽化，瞬间释放出大量的能量。其中大约

85% 的能量用以产生冲击波，向周围快速传播，破坏设备、建筑物并危害人身安全，如图 4-52 所示。

②设备碎片伤害。锅炉压力容器破裂时，有些壳体可能会断裂成碎片并高速飞出，击穿、撞坏相遇的设备或建筑物，有时直接伤人，如图 4-53 所示。

图 4-52　冲击波伤害

图 4-53　设备碎片伤害

③介质伤害。锅炉压力容器破裂时介质外泄，常常造成人员烫伤、中毒、现场燃烧及二次爆炸，产生连锁反应。

（2）烟尘危害。无论是液体燃料还是固体燃料本身都含有一定数量的灰分，燃烧过程总会伴有尘粒产生，如图 4-54 所示。尘粒中除了炭粒外，还有灰粒，灰粒是燃烧中的不可燃物质，包括含量最多的 SiO_2、Al_2O_3，以及少量的 FeO、CaO 和微量的金属微粒。排出后可长期漂浮于大气中，容易使人患呼吸道疾病、心脏病、儿童软骨症。此外，灰粒易吸附 SO_2、SO_3 等有害物质，引起呼吸道和肺部炎症。

（3）有害气体。在燃烧过程中会产生少量 SO_2 和 NO_x。SO_2 会诱发气喘、肺病、心血管病；NO_x 和血红蛋白的亲和力很强，NO_x 和血红蛋白结合，影响与氧的结合，人体就会因缺氧而麻痹、痉挛，对肺部也有损坏作用。另外 SO_2 和 NO_x 气体排入大气，还可能造成酸雨，影响农作物的正常生长和腐蚀其他物品。

（4）热污染。锅炉运行中总会给环境增加热量，每台锅炉运行时的散热和烟热等直接排入大气中的热量是燃料总发热量的 10% ~ 15%，还有 40% ~ 50% 的热量通过冷却水排入水体，对大气和水体造成热污染，影响生态环境的正常运转。

（5）噪声污染。锅炉的噪声源于鼓风机、引风机、水泵、油泵、卸压排气口等机械运转发生的摩擦和撞击声，炉膛内燃烧的声音，流体流动或水击等产生的噪声。噪声会使人噪声性耳聋，长期在噪声环境下工作，对人的健康将产生不良的影响。

（6）废水污染。锅炉的水处理、锅炉排污等都会排除一定量的废水，若不经处理直接排放，会造成江河湖海的污染，危害人类及动植物的生长，如图 4-55 所示。

图 4-54　烟尘危害

图 4-55　废水污染

2. 电梯设备的安全隐患及原因

电梯设备是指动力驱动，沿刚性导轨运行的箱体或者沿固定线路运行的梯级（踏步），进行升降或者平行运送人、货物的机电设备。包括载人（货）电梯、自动扶梯、自动人行道等，如图 4–56 和图 4–57 所示。

图 4-56　观光电梯

图 4-57　自动扶梯

【案例】如图 4–59 所示，2007 年某日，北京某小区一男子从 17 楼坠入电梯井内身亡。该男子看电梯门敞开，没有观察即进入，因轿厢不在此层，导致该男子坠亡。

图 4-59　男子坠入电梯井内

像任何交通工具一样，电梯每天都在不停地运行，运行就有可能产生部件磨损或损坏，如果不经常对电梯进行维护、检查、调整，电梯就可能会发生故障，进而带来一定的风险。

电梯常见事故危害

（1）直梯常见事故。直梯常见事故有坠落事故、剪切和挤压事故、冲顶和蹲底事故及关人事故等。

图 4-58　坠落事故

①坠落事故。如图 4–58 所示，层门没有防护（未交付使用）；层门敞开，轿厢不在此处；持三角钥匙开门，坠入井道；被困轿厢，逃生不当坠落；救援不当，引发坠落。

②剪切、挤压事故。

a. 剪切事故。如当乘客踏入或踏出轿门的瞬间，轿厢突然起动，使受害人在轿门与层门之间的上下门坎处被剪切，如图 4–60 所示。常见的有短接门锁、进轿顶和底坑未贴“检修”标志、逃生不当、电梯失控造成剪切事故等。

b. 挤压事故。常见的挤压事故，一是受害人被挤压在轿厢围板与井道壁之间；二是受害人被挤压在底坑的缓冲器上，或是人的胶体部分（比如手）被挤压在转动的轮槽中，如图 4–61 所示。

【案例】2011 年大年三十的晚上，家住雁塔西路某小区的小李妻子以一种让人惊愕的方式离开了人世——为了让挤在电梯里的人出去，她将一只脚挡在电梯门外，可电梯却突然运行，来不及抽身的她被剪切身亡。

图 4-60　电梯剪切事故

图 4-61　电梯挤压事故

③冲顶、蹲底事故。电梯冲顶即轿箱失去控制冲到电梯井道的顶部。蹲底是电梯的轿箱在控制系统失效的情况下发生垂直下坠的现象。这些事故一般是超载、制动器失效、曳引钢丝绳松紧度不一致、限速器安全钳失效等造成的，如图 4–62 所示。

④关人事故。就是当电梯出现故障，电梯门不能正常打开，导致乘客滞留在电梯内，如图 4–63 所示。

【案例】2007 年某日中午 12 点，某市最高建筑电梯（60 层），乘客从 40 层下行，到 39 层时电梯乘坐了 26 人，（该电梯额定载荷 1350kg，定员 20 人，速度 4m/s）。下行到 3 层时迅速下沉，瞬间重重落地，也就是电梯“蹲底”，并强烈反弹。造成 19 人受伤，5 人重伤。

图 4-62　电梯冲顶事故

图 4-63　关人事故

【案例】 2007年某日，某百货连锁经营公司，1名两岁半男孩随奶奶到该商场乘自动扶梯下行时，将右脚卡入梳齿板与围裙板间隙中，右小腿被梳齿板扎伤，如图4-65所示。

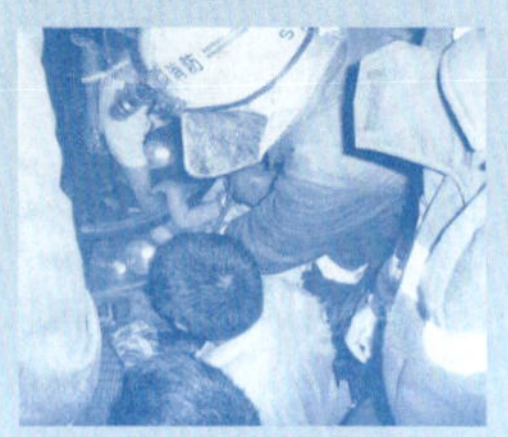

图4-65 小孩右脚卡入扶梯梳齿板

（2）扶梯常见事故。扶梯常见的安全事故有梳齿板和扶手带夹人事故、乘梯拥挤跌倒事故、肢体伸到扶手带外被夹事故、翻越扶手带坠落事故、衣物钩挂事故、逆转伤人事故、梯级踏板损坏伤人事故等，见图4-64。

图4-64 扶梯安全事故

3. 起重机械常见故障原因及危害

起重机械是用来起重、搬运或在某个距离内运送物品的专门机械，它是企业实现机械化、自动化，提高劳动生产率，减轻劳动强度和改善劳动条件不可缺少的设备，是生产过程中联系的纽带，是生产的重要组成部分，由于其数量多、分布广、战线长、作业频繁，涉及的从业人员多，而且作业环境条件复杂，极易发生重大人身伤害事故。因而，在为生产服务的同时，起重机械也对人身安全构成了极大威胁。

1）起重机械事故原因

事故发生的原因不外乎以下几个方面：人的不安全行为、物的不安全状态、环境不良和管理上的缺陷。

（1）人的不安全行为主要表现。

①技术不熟练。起重机械是特种设备，其操作有严格的安全技术要求，如果对设备性能不清楚，技术不熟，极易发生事故。

②未严格执行安全联系确认制。从统计的事故来分析，80%以上事故均是该原因造成的。

③未严格执行停、送电操作牌制度。检修作业，特别是一些设备发生故障处理时，工作人员图省事、图方便，没有

严格执行停、送电操作牌制度，盲目上场作业，在设备运行中作业，或设备突然起动而产生伤害。

④其他原因。如违章作业（不能按要求穿戴劳保防护用品，正确使用安全劳保用品）、习惯性作业、联保互保制度不落实，作业期间无统一指挥，无人监护，冒险蛮干等均易造成事故的发生。

（2）物的不安全状态主要表现。

①设备本体存在隐患，安全装置、保险设施不全或失效。

②设备出现故障或事故，对人身造成伤害，尤其是在处理这些问题时，易发生事故。如制动装置失灵而造成重物的冲击和夹挤；如吊钩、抓斗、钢丝绳等物损坏而造成重物坠落。

（3）环境不良主要表现。天车运行区域采光设计不合理，人工照明照度不足，长期作业，容易使操作者眼睛疲劳，视力下降，产生误操作，成为可能发生意外伤亡事故的诱因；自然通风效果差，尤其是夏天，天气炎热，特别是运行在高温高湿环境区域的天车，操作工极易出现中暑现象；另外还有噪声、粉尘、有毒有害气体的影响等都可能成为事故发生的潜在隐患。

（4）管理上的缺陷主要表现。生产管理和劳动组织不合理，安全教育、培训不到位，特种作业人员无证上岗，规章制度不健全，新安装的设施未做到“三同时”管理等。

4

2）常见的起重安全事故

（1）超载。超载是起重事故的第一大杀手。超载是指起重质量超过起重机起重的最大质量，导致起重机发生侧翻，引起起重物品、起重机损坏和影响操作人员人身安全的事故，如图4–66所示。

（2）机体回转击伤事故。这类事故多发生在野外作业的汽车、轮胎和履带起重机作业中，此类作业的起重机回转时配重部分往往将吊装、指挥和其他作业人员撞伤或把上述人员挤压在起重机配重与建筑物之间致伤。

图4-66 超载致起重机侧翻事故

（3）翻转作业中的撞伤事故。从事吊装、翻转、倒个作业时，由于吊装方法不合理，装卡不牢，吊具选择不当，重物倾斜下坠，吊装选位不佳（图 4–67），吊起重物重心偏移；指挥及操作人员站位不好，造成吊载失稳，吊载摆动冲击等均会造成翻转作业中的砸、撞、碰、挤、压等各种伤亡事故，这种类型事故在挤压事故中尤为突出。如某造船厂在利用一台龙门起重机进行船用支撑构架翻转倒个的焊接作业中，由于操作指挥不当在构件翻转中将一电焊工砸伤致死，指挥人员受重伤。

（4）坠落事故。坠落事故主要是指从事起重作业的人员，从起重机机体等高空处发生向下坠落至地面的摔伤事故，包括工具、零部件等从高空坠落使地面作业人员受伤的事故。坠落事故又分为从机体上滑落摔伤事故、机体撞击坠落事故、轿箱坠落摔伤事故、维修工具零部件坠落砸伤事故、振动坠落事故、制动下滑坠落事故等，图 4–68 所示为重物滑落事故。

如图 4–69 所示，起重时为了图方便，工作人员站在平台上挂好吊钩后，没有下地面，而是随平台一起起吊，当平台吊至 3m 时因两个挂钩没挂好，突然脱钩，致使范某从平台上滑落到地面，右手着地，摔成骨折。

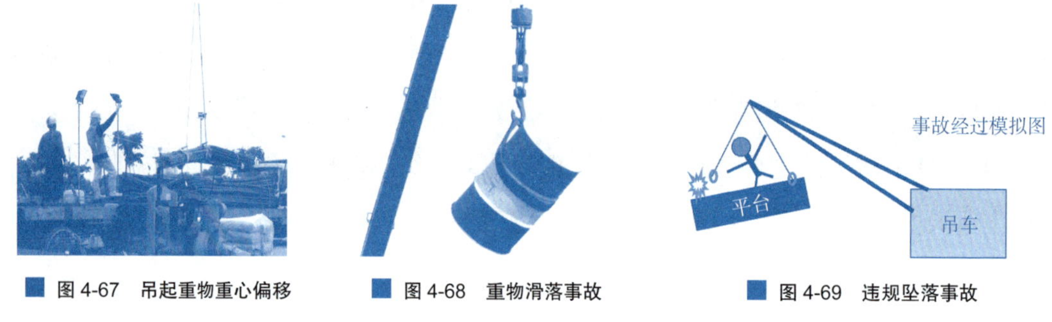

图 4-67 吊起重物重心偏移　　图 4-68 重物滑落事故　　图 4-69 违规坠落事故

（5）触电事故。触电事故是指从事起重操作和检修的作业人员，由于触电遭受电击所发生的人身伤亡事故，如图 4–70 所示。

图 4-70 触电事故

（6）机体毁坏事故。机体毁坏事故是指起重机因超载失稳等产生机体断裂、倾翻造成机体严重损坏及人身伤亡的事故。常见机体毁坏事故有断臂事故、倾翻事故、机体摔伤事故、相互撞毁事故等。如图 4-71 所示为山东某公司在拆卸塔式起重机时，由于基础原因导致整机倾覆现场图片；图 4-72 所示为 90t 汽车吊配合进行斗轮机门座安装过程中，因作业路面承载能力不够，举升到一定高度回转使支腿受力发生变化，导致支腿下陷，致使机体倾翻损坏。

图 4-71 拆卸塔式起重机时整机倾覆

图 4-72 地面承受能力不足导致机体倾翻

活动二 特种设备事故防护

因特种设备危险性较大，涉及生命和财产安全，应从事故源头上从严把关。

1. 设计许可

（1）设计文件（图样）鉴定：对锅炉、压力容器中的气瓶和氧舱、客运索道、大型游乐设施的设计文件（图样）鉴定，由国家质检总局核准的检验检测机构鉴定审查制造单位的设计文件和图样来实现，对鉴定合格的设计文件（图样）出具合格证明或者在设计文件（图样）上加盖合格标记。

（2）设计单位资格许可：对压力容器、压力管道的设计，是通过对设计单位实施设计资格许可来进行控制，因为压力容器、压力管道的不安全因素主要在设计和制造过程。

压力容器的设计单位资质分为 4 个类别，10 个级别，A（A1~A4）、C（C1、C2、C3）、D（D1、D2）、SAD（压力容器分析设计）。

压力管道的设计单位资质分为 3 大类，6 个级别，GA（1~2）、GB（1~2）、GC（1~2）。

2. 制造许可

（1）单位资格许可。对锅炉、压力容器、电梯、起重机械、客运索道、大型游乐设施及其安全附件、安全保护装置的制造、安装、改造单位，以及压力管道用管子、管件、阀门、法兰、补偿器、安全保护装置等（以下简称压力管道元件）的制造单位实行制造许可证制度；同时对锅炉、压力容器、压力管道元件、起重机械、大型游乐设施的制造过程实行驻厂监督检验制度。

（2）产品型式许可。对首台产品、特殊类型、超大型起重机(320t 以上)和主要安全部件的生产实行型式试验和产品型式许可。主要指对机电类特种设备的制造许可。

3. 安装、维修、改造许可

对锅炉、压力容器、压力管道、电梯、起重机械、客运索道、大型游乐设施安装单位实施安装、维修、改造资格许可制度；对安装修理、改造过程进行监督检验或验收检验。

4. 使用登记许可

对新投入使用的特种设备实行注册登记，发放使用登记证（承压类）或者安全检验合格标志（机电类）；对在用设备实施定期检验，对管理人员和操作人员实施持证上岗制度；开展安全检查，督促使用单位强化管理，消除事故隐患。

5. 特种设备作业人员考核

特种设备作业人员包括特种设备生产和使用两个领域的作业人员，特种设备作业人员分为 11 类、36 项不同的级别。依据《特种设备作业人员管理办法》将作业人员分类为：

（1）锅炉作业。如锅炉操作、水处理作业。

（2）压力容器作业。如压力容器操作（含带压密封、罐车充装）、气瓶充装、氧舱维护。

（3）压力管道作业。如压力管道操作（含带压密封）。

（4）电梯作业。如机械安装维修、电气安装、电气维修、司机。

（5）起重机械作业。如机械安装维修、电气安装、电气维修、司机、指挥、司索。

（6）客运索道。如安装、维修、司机、编索。

（7）大型游乐设施。如安装、维修、操作。

（8）厂（场）内机动车辆。如驾驶员、维修。

（9）特种设备焊接作业。如承压焊、结构焊。

（10）安全附件维修作业。如安全阀维修。

（11）特种设备管理。

《特种设备作业人员证》有效期每 2 年复审一次。持证人员应当在复审期满 3 个月前，向发证部门提出复审申请。复审合格的，由发证部门在证书正本上签章。对在 2 年内无违规、违法等不良记录，并按时参加安全培训的，应当按照有关安全技术规范的规定延长复审期限。

6. 特种设备定期检验

1）锅炉

定期检验工作包括外部检验、内部检验和水压试验三种。

（1）外部检验是指锅炉在运行状态下对锅炉安全状况进行的检验，锅炉的外部检验一般每年进行一次。以下情况也需外部检验：

①移装锅炉开始投运时。

②锅炉停止运行 1 年以上恢复运行时。

③锅炉的燃烧方式和安全自控系统有改动后。

（2）内部检验是指锅炉在停炉状态下对锅炉安全状况进行的检验，锅炉内部检验一般每 2 年进行一次。以下情况也需内部检验：

①新安装的锅炉在运行 1 年后。

②移装锅炉投运前。

③锅炉停止运行 1 年以上恢复运行前。

④受压元件经重大修理或改造后及重新运行 1 年后。

⑤根据上次内部检验结果和锅炉运行情况，对设备安全可靠性有怀疑时。

⑥根据外部检验结果和锅炉运行情况，对设备安全可靠性有怀疑时。

（3）水压试验是指锅炉以水为介质，以规定的试验压力对锅炉受压部件强度和严密性进行的检验。水压试验一般每 6 年进行一次。对于无法进行内部检验的锅炉，应每 3 年进行一次水压试验。以下情况也需进行水压试验：

①移装锅炉投运前。

②受压元件经重大修理或改造后。

2）压力容器

（1）全面检验。

①安全状况等级为 1、2、3 级的，一般每 3 年进行一次全面检验。

②安全状况等级为 4 级的，其检验周期由检验机构确定。

③安全状况等级为 5 级的，不得使用。

④安全状况等级为 4 级的压力容器，其总监控使用时间不得超过 3 年。

⑤在监控使用期满前，使用单位应当对缺陷进行处理提高其安全状况等级，否则不得继续使用。

（2）运行检验（在线检验）。

起重机械一般为 2 年进行一次检验，但对简易电动葫芦、升降机、冶金起重机以及其他安全要求的检验周期缩短为 1 年，电梯、厂内机动车辆检验周期为 1 年一次。

活动三　电梯故障急救

1. 电梯故障的自救常识

（1）电梯运行中因供电中断、电梯故障等原因突然停驶，被困在轿厢内时，立即按下电梯内的紧急按钮，等待外部救援，如图 4–73 所示；如果报警无效，可以间歇性地呼救或拍打电梯门，以保持体力，如图 4–74 所示。不要擅自行动，以免发生“剪切”、“坠井”事故，如图 4–75 所示。切不可擅自扒门爬出，以防电梯突然开动，如图 4–76 所示。应设法与外界取得联系，要第一时间向物业管理部门或电梯维保单位报告。

图 4-73　按下电梯紧急按钮

图 4-74　间歇性拍打电梯

图 4-75　不能擅自行动

图 4-76　不能强行扒门

（2）报警时，向外界提供轿厢内被困人数及健康状况、轿厢内应急灯是否点亮、轿厢所停层位置以便于解困工作。

（3）尽量远离轿门或已开启的轿厢门口，更不要倚靠在轿门，不要在轿厢内吸烟、打闹，必须听从救援人员指挥。

（4）针对急速下坠现象应采用图 4–77 所示姿势进行自救。

①不论有几层楼，快速把每一层楼的按键都按下。当紧急电源启动时，电梯可马上停止继续下坠。一般情况下，电梯槽有防坠安全装置，安全装置也不会失灵。

②把脚跟提起，膝盖呈弯曲姿势，整个背部跟头部紧贴电梯内墙，呈一直线。要运用电梯墙壁作为脊椎的防护。

③如果电梯里有手把，一只手紧握手把，这样可固定人所在的位置，使人不至于因重心不稳而摔伤。

另外，也可以采用图 4–78 所示姿势，两手十指交叉相扣，护住后脑和后颈部；两肘向前，护住双侧太阳穴；双膝尽量前屈，护住胸腔和腹腔的重要器官，侧躺在地。千万不能仰卧在地，仰卧容易导致呼吸困难，如图 4–79 所示。

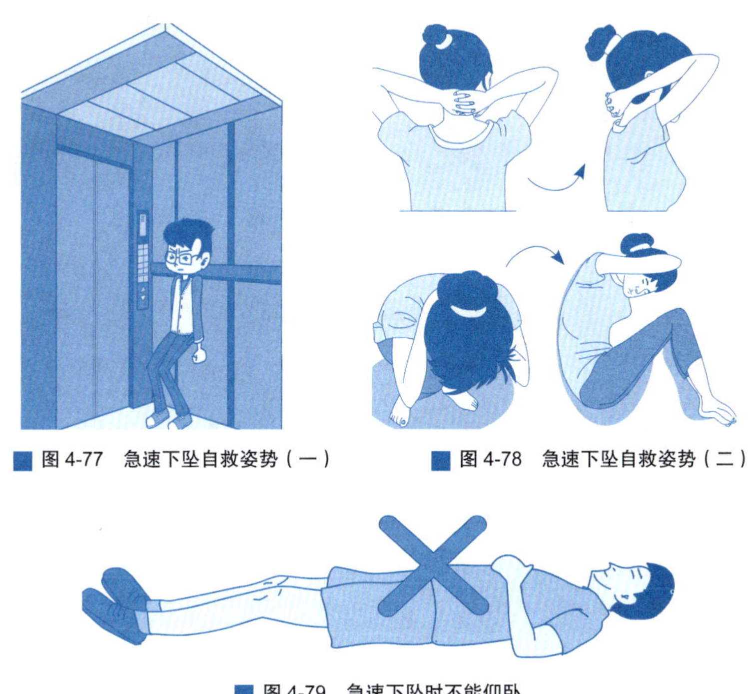

图 4-77　急速下坠自救姿势（一）

图 4-78　急速下坠自救姿势（二）

图 4-79　急速下坠时不能仰卧

2. 电梯管理人员应当如何解救被困人员

当发生电梯困人事故时，电梯管理人员通过电话或喊话，与被困乘客取得联系。务必使其保持镇静，耐心等待维修人员的救援。轿厢远离电梯层站时，进入机房关闭电梯电源开关，在电梯轴上安装盘车手轮，一人用力把住盘车手轮，另一人手持制动释放杆，轻轻撬开制动。注意观察平层标志，使轿厢逐步移动至最接近厅门为止。当确认制动无误时，用层门钥匙开启层门、轿门，协助乘客离开轿厢，并重新关好厅门。

值得注意的是，有的电梯工直接将电梯的内门或者外门打开，然后靠到停靠层，有时候靠不到停靠层，就跳下来，这种做法在生活中非常常见。但这是一种很不规范的援救行为，因为电梯停在不应该停层的位置，说明它系统已经出了故障，如果在不切断电源的情况下开了门，这时万一电梯再有故障，乘客就会出现危险。

任务四　典型案例分析

案例一　雷击引起反应釜起火事故

2007年某日，某企业树脂生产车间发生一起雷击引起的火灾事故，烧毁反应釜2套、控制台2套、控制柜等电路设施，无人员伤亡。事故现场如图4-80和图4-81所示。

图4-80　起火的反应釜

图4-81　被熏黑的厂房

【分析】

（1）树脂生产车间防雷设施配置未达到要求。

（2）从现场勘察分析，雷电没有直接击中树脂生产车间，而是因为邻近雷击引起树脂生产车间的反应釜电位抬升，使供电线绝缘击穿，导热油泄漏引起火灾。反应釜被烧毁的情况如图4-82和图4-83所示。

图4-82　被烧毁的反应釜

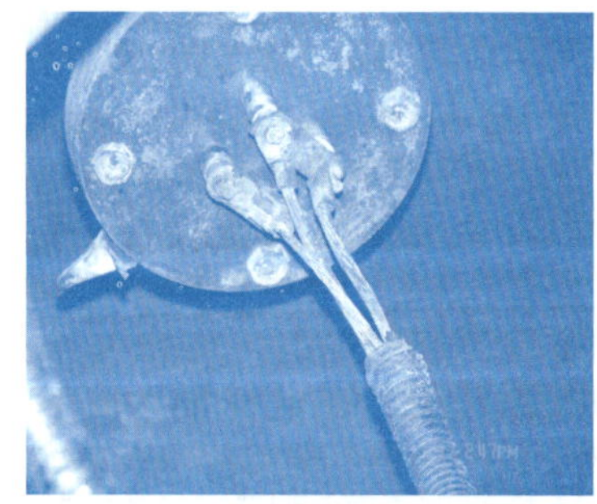
图4-83　被烧毁的反应釜电热棒

案例二　静电引起危险品火灾事故

2007年某日，某危险化学品生产企业发生一起静电引起的危险品火灾事故。一名员工对搅拌缸的油漆进行调色，在投加溶剂油时，右手用小铁勺（无搭铁）将溶剂过滤沿缸壁边投加到大缸内，过滤网突然起火，因溶剂挥发性大，员工穿着的防静电服瞬间被点燃，如图 4−84 和图 4−85 所示。事故导致该员工左手臂、左躯干上身侧 29% Ⅱ度烧伤，损失工作日 250 日，造成经济损失 26 万元。

图 4-84 操作现场

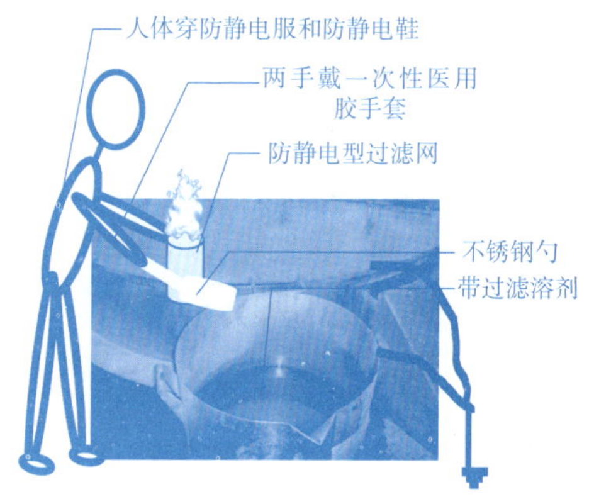

图 4-85 事故模拟图

【分析】

（1）员工操作使用的过滤网金属圈没有静电搭铁，在添加溶剂时，过滤网金属圈形成浮游金属产生静电与金属小勺放电产生火花，将周边可燃的溶剂蒸气点燃。

（2）员工使用的防静电服材质含有化纤成分，一旦有火源，非常容易引火燃烧并迅速蔓延，受伤人员短时间无法摆脱。

案例三 锅炉爆管事故

2008 年某日凌晨，某热电分公司锅炉车间 5 号锅炉联络管发生爆裂，造成当场死亡 3 人、伤 2 人的较大生产安全事故，受伤人员中一人经抢救无效死亡，1 人伤势较轻住院治疗。发生事故的 5 号锅炉 1988 年 9 月投入运行，累计运行时间超过 8 万 h。事故情况如图 4−86 和图 4−87 所示。

图 4-86 爆炸事故锅炉

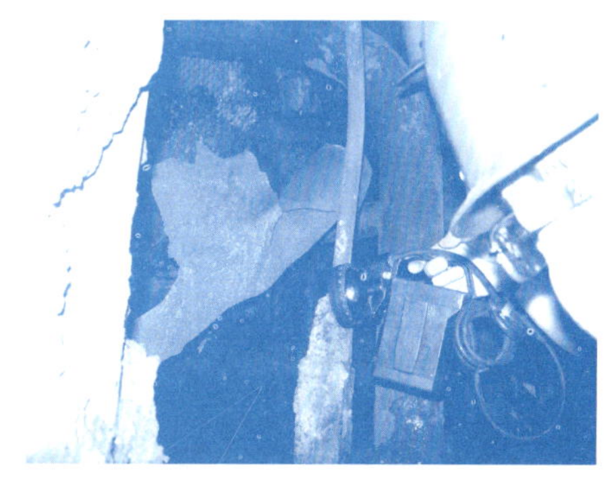

图 4-87 检查锅炉事故情况

【事故经过】

2008年3月至5月，热电分公司委托某公司对5号锅炉进行改造大修，结合本次大修，锅检所对锅炉进行内部检验。

2008年6月13日，热电分公司组织对5号锅炉进行水压试验，锅检所检验人员现场进行了监督，由于主蒸汽阀门内漏，压力试验只进行到工作压力3.82MPa。

2008年6月27日，热电分公司组织对5号锅炉进行第二次水压试验，锅检所检验人员没有到现场，试验压力为3.92MPa。

2008年6月28日晚23时，锅炉开始点火，29日凌晨2时左右，压力达到3MPa，相关工作人员5人到炉顶准备校验安全阀，2时20分，前水冷壁上集箱至锅筒联络管发生爆炸，此时锅炉压力为4.25MPa。

【分析】

1. 直接原因

经对锅炉联络管检验和复原检查发现，联络管存有严重条状腐蚀凹坑，针对联络管始爆位置的腐蚀凹坑形态分析，确定联络管的爆裂源自于这些严重的条状腐蚀凹坑；锅炉检验人员违反《锅炉定期检验规则》的规定，没有按规定压力进行水压试验，锅炉使用单位在未获得检验合格证明的情况下，就点火试炉；当锅炉压力升到承受不了安全阀所需4.25MPa时，锅炉联络管发生爆裂，喷出的高温高压蒸汽将在炉顶验证安全阀的工作人员严重烫伤致死，以上是造成此次较大事故的直接原因。

2. 间接原因

（1）锅炉检验人员违规进行水压试验，检修单位和热电分公司对水压试验中的压力设定不符合国家有关规定的问题，没有任何人提出质疑，是导致事故发生的原因之一。

（2）锅炉检验人员没有根据5号锅炉运行近20年的实际情况，确定检验项目和检验方法，制订符合实际的检验方案；锅检所没有对其委托的检测公司实施有效的监督；对检测公司检验漏项和检验报告存在虚假行为没有进行制止，丧失了能够在测厚过程中发现这一事故隐患的机会，也是导致事故发生的原因之一。

（3）锅检所作为锅炉的检验检测机构，没有制定锅炉检验检测工作规程，管理制度不完善，执行国家的法规、规程不严格，工作程序不规范，对检测人员的工作流程、工作质量未进行有效监督，也是导致事故发生的原因之一。

项目小结

（1）化学品指各种化学元素及由元素所组成的化合物及其混合物，无论是天然的还是人造的。

（2）危险化学品指有爆炸、易燃、毒害、腐蚀、放射等性质，在运输、装卸和储存保管过程中，易造成人身伤亡和财产损毁而需要特别防护的物品。

（3）危险化学品常见的危险特性有爆炸性、燃烧性、毒害性、腐蚀性等。

（4）职业病危害因素的作用条件有：接触机会、作用强度、化学物理性质、个体危险因素等。

（5）有毒化学药品可通过呼吸道、皮肤和消化道进入人体而发生中毒现象。

（6）危险化学品安全防护有：防中毒、防火、防爆、防灼伤、防汞中毒、防辐射等。

（7）安全系统的物流通常包括机器、设备、装置、生产环境中的物质以及驱动设备的能源。

（8）搬运方式分人力搬运和机器搬运。

（9）叉车操作时要了解叉车、了解货物和了解场地等。

（10）物料的搬运以安全为第一原则。要防止搬运事故的发生，便需要对搬运过程中，因动作、环境、物料、搬运设备等，可能造成的人员、设备伤害等原因进行了解。

（11）人力搬运应采用适当的姿势，运用双腿力量为重心。过重的物品必须使用机器搬运，或多人协力搬运。

（12）特种设备是指涉及生命安全、危险性较大的锅炉、压力容器（含气瓶，下同）、压力管道、电梯、起重机械、客运索道、大型游乐设施、厂（场）内机动车辆八大类及其所用的材料、附属的安全附件、安全保护装置和与安全保护装置有关的设施。

（13）锅炉爆炸主要产生的伤害有冲击波伤害、设备碎片伤害和介质伤害。

（14）无论是液体燃料还是固体燃料本身都含有一定数量的灰分，燃烧过程总会伴有尘粒产生。

（15）SO_2 和 NO_x 都是有毒气体，还可能造成酸雨。

（16）噪声会使人噪声性耳聋，长期在噪声环境下工作，对人的健康将产生不良的影响。

（17）直梯常见事故有坠落事故、剪切和挤压事故、冲顶和蹲底事故及关人事故等。

（18）扶梯常见的安全事故有梳齿板和扶手带夹人事故、乘梯拥挤跌倒事故、肢体伸到扶手带外被夹事故、翻越扶手带坠落事故、衣物钩挂事故、逆转伤人事故、梯级踏板损坏伤人事故等。

（19）起重机械由于其数量多、分布广、战线长、作业频繁，涉及的从业人员多，而且作业环境条件复杂，稍有疏忽极易发生重大人身伤害事故。

（20）起重机械安全事故原因主要有人的不安全行为、物的不安全状态、环境不良和管理上的缺陷。

（21）常见的起重安全事故有超载、机体回转击伤事故、翻转作业中的撞伤事故、坠落事故、触电事故、机体毁坏事故。

（22）因特种设备危险性较大，涉及生命和财产安全，从源头上从严把关。

（23）锅炉定期检验工作包括外部检验、内部检验和水压试验三种。

（24）电梯运行中因供电中断、电梯故障等原因突然停驶，被困在轿厢内时，立即按下电梯内的紧急按钮，等待外部救援，不要擅自行动，应设法与外界取得联系，要第一时间向物业管理部门或电梯维保单位报告。

技能训练

训练一　危险化学品中毒急救

情景设计：某学生在做实验时，发生硫化氢中毒，请对该学生进行急救。

训练二　电梯故障时进行急救

情景设计：模拟某学生在乘坐电梯时，电梯出现机械故障，发生电梯急速下坠，请迅速采取果断措施进行自救。

技能训练考核表见表 4–2。

各种急救技能考核表　　表 4-2

考核项目及分值	考核内容	评分标准	评分记录
准备工作 10 分	准备各种急救所需物品	（1）工具设备少一样扣 2 分 （2）未检查扣 5 分	
危险化学品中毒急救 25 分	（1）正确的处理步骤类型 （2）切断毒源和正确急救的方法	（1）方法选择错误扣 10 分 （2）处理步骤错误扣 5~10 分	
人力搬运演练 25 分	（1）搬运姿势 （2）多人配合搬运情况	（1）搬运姿势不正确扣 10 分 （2）配合搬运方法错误扣 5~10 分	
电梯故障进行急救 30 分	（1）找到紧急按钮 （2）选择正确的自救姿势 （3）配合救助人员逃生	（1）未找到紧急按钮扣 5 分 （2）自救姿势错误 10 分 （3）是否擅自行动扣 5~10 分 （4）是否正确配合救助扣 3~5 分	
团队合作 10 分	（1）组员分工 （2）组员配合	（1）组员分工不明确扣 5 分 （2）组员配合不默契扣 5 分	
考核时限	全部考核内容应在规定的时间内完成	（1）超时每分钟扣 5 分 （2）超时 5min 即停止记分	

项目评测

一、判断题（对的画“√”，错的画“×”）

1. 储存时必须视物料的性质，决定储存的方式与场所。（　）
2. 物料的堆放不得影响照明、阻碍交通或出入口。（　）
3. 人力搬运属于短距离的搬运，其质量限制在 70 kg 以下。（　）
4. 肌肉、骨骼疾病为最常发生的职业伤害。（　）
5. 物料搬运的路线应妥善规划，不必与行人通道分隔。（　）
6. 船舶、油轮、油罐车，属于移动型压力容器。（　）
7. 压力容器焊接人员不必经过电焊工技术检定合格。（　）
8. 安全阀应设定在最高使用压力之上泄放压力。（　）
9. 通蒸汽前，管路中的凝结水要充分排除，以确保安全。（　）

二、单项选择题

1. 搬运事故发生的原因中，不安全的环境因素有（　）。

   A. 照明不足　B. 搬运姿势不正确　C. 操作人员不合格　D. 以上皆是

2. 物料的搬运以（　）为第一原则。

   A. 迅速　B. 安全　C. 经济　D. 方便

3. 物料搬运前必须要评估（　）。

   A. 物料的性质　B. 搬运的数量　C. 距离、时间　D. 以上皆是

4. 超过使用年限的机器，必须（　）。

   A. 加强检修　B. 报告上级　C. 报废，不得再用　D. 更换零件

5. 为方便搬运，搬运物料的大小、形状、质量应（　）。

   A. 标准化　B. 大小相同　C. 方便就好　D. 一样重

6. 甲烷、氢气、乙烯是属于（　）。

   A. 不燃性气体　B. 助燃性气体　C. 固态气体　D. 可燃性气体

7. 经一年未装置的锅炉，或第一种压力容器，均须向当地有关机关申请（　）。

   A. 重新检查　B. 焊接检查　C. 竣工检查　D. 构造检查

4

三、填空题

1. 物料储存前应先确认有无爆炸、__________及__________等危险。

2. 物料的搬运，应尽量利用__________以代替人力。

3. 作业地点高低差在__________以上时，应设置能使工人安全上下的设备。

4. 压力容器的检查项目有：________、________、________、________、____________。

5. 竣工检查的合格证，其有效期限为__________。

项目五

环境安全与卫生

知识目标

完成本项目学习后，你应：

（1）能叙述燃烧四面体原理。

（2）知道火灾的类型、原因和制止火灾发生的基本措施。

（3）知道空气污染、水污染和噪声污染的来源和危害。

技能目标

完成本项目学习后，你应能：

（1）正确使用常用消防器材。

（2）应急处理火灾险情。

（3）了解空气污染、水污染和噪声污染的防治办法。

（4）掌握灭火的原理及灭火方法。

> 【案例】2013年6月某日6时许，吉林省某禽业公司发生特别重大火灾爆炸事故。其原因是主厂房的电气线路短路，引燃周围大量的易燃易爆品，由于安全通道复杂不易疏散，员工缺乏火灾逃生自救能力，共造成121人死亡、76人受伤、17234m² 主厂房及主厂房内生产设备被损毁，直接经济损失1.82亿元。

任务一　消防安全与卫生

在人类发展的历史长河中，火，燃尽了茹毛饮血的历史；火，点燃了现代社会的辉煌。正如传说中所说的那样，火是具备双重性格的“神”。火给人类带来文明进步、光明和温暖。但是，有时它是人类的朋友，有时是人类的敌人。失去控制的火，就会给人类造成灾难。

因此，了解掌握一些消防知识，减少和预防火灾的发生，对人们来说十分重要。

活动一　火灾原因分析

1. 着火原理

火灾是指在时间和空间上失去控制的燃烧造成的灾害。燃烧是可燃物与氧化剂发生的一种氧化放热反应，通常伴有光、烟或火焰。燃烧需要可燃物、助燃物（氧气或空气）、热能（达到燃点）三大要素，如图5-1所示。

物质要发生燃烧，除了三角原理的三要素外，还需要三要素的连锁反应，此称为燃烧之四面体原理，如图5-2所示。四者缺其一，燃烧即无法发生，即使发生，也无法持续。

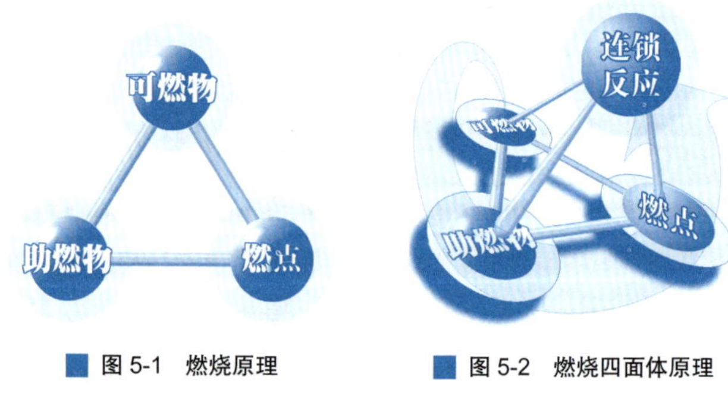

图5-1　燃烧原理　　图5-2　燃烧四面体原理

2. 火灾的类型

1）根据可燃物的类型和燃烧特性分类

根据可燃物的类型和燃烧特性，火灾可分为A、B、C、D、E、F六类（GB/T 4968—2008）见表5-1。

火灾的类型 表 5-1

类型	名　称	说　明
A 类	固体物质火灾	这种物质通常具有有机物质性质，一般在燃烧时能产生灼热的余烬。如木材、煤、棉、毛、麻、纸张等火灾
B 类	液体或可熔化的固体物质火灾	如煤油、柴油、原油，甲醇、乙醇、沥青、石蜡等火灾
C 类	气体火灾	如煤气、天然气、甲烷、乙烷、丙烷、氢气等火灾
D 类	金属火灾	如钾、钠、镁、铝镁合金等火灾
E 类	带电火灾	物体带电燃烧的火灾
F 类	烹饪器具内的烹饪物	如动植物油脂火灾

2）根据火灾损失严重程度分类

根据 2007 年 6 月 26 日公安部下发的《关于调整火灾等级标准的通知》，新的火灾等级标准由原来的特大火灾、重大火灾、一般火灾三个等级调整为特别重大火灾、重大火灾、较大火灾和一般火灾四个等级，见表 5–2。

火灾的等级划分 表 5-2

等　级	说　明
特别重大火灾	造成 30 人以上死亡，或者 100 人以上重伤，或者 1 亿元以上直接财产损失的火灾
重大火灾	造成 10 人以上 30 人以下死亡，或者 50 人以上 100 人以下重伤，或者 5000 万元以上 1 亿元以下直接财产损失的火灾
较大火灾	造成 3 人以上 10 人以下死亡，或者 10 人以上 50 人以下重伤，或者 1000 万元以上 5000 万元以下直接财产损失的火灾
一般火灾	造成 3 人以下死亡，或者 10 人以下重伤，或者 1000 万元以下直接财产损失的火灾

3. 火灾的原因

火灾事故发生的原因主要有以下几点：

（1）用火不慎：指人们思想麻痹大意，或者用火安全制度不健全、不落实以及不良生活习惯等造成火灾的行为。

（2）电气火灾：指违反电器安装使用安全规定，或者电线老化或超负荷用电造成的火灾。

（3）违章操作：指违反安全操作规定等造成火灾的行为，如焊接等。

（4）放火：指蓄意造成火灾的行为。

（5）吸烟：指乱扔烟头或卧床吸烟引发火灾的行为。

（6）玩火：指儿童、老年痴呆或智障者玩火柴、打火机而引发火灾的行为。

（7）自然原因：如雷击、地震、自燃、静电等。

4. 制止火灾发生的基本措施

（1）控制可燃物，以难燃或不燃的材料代替易燃或可燃的材料。

（2）隔绝助燃物，使用易燃物质的生产应在密闭的设备中进行。

5

小贴士 烟头表面温度为200～300℃，中心温度可达700~800℃，它超过了棉麻、毛织物、纸张、家具等可燃物的燃点，若乱扔烟头接触到这些可燃物，容易引起燃烧，甚至酿成火灾。

（3）消除着火源。

（4）阻止火势蔓延，在建筑物之间筑防火墙，设防火间距，防止火灾扩大。

5. 灭火方法

一切灭火措施，都是为了破坏已经产生的燃烧条件或使燃烧反应消失，根据物质燃烧四面体原理和同火灾作斗争的实践经验，表5–3为现行灭火的基本方法。

灭火方法　　表5-3

燃烧条件	方法名称	灭火原理	灭火方法
可燃物	隔离法	搬离或除去可燃物	将可燃物搬离火中或从燃烧的火焰中除去
助燃物（氧）	窒息法	除去助燃物	排除、隔绝或者稀释空气中的氧气
热能	冷却法	减少热能	使可燃物的温度降低到燃点以下
连锁反应	抑制法	破坏连锁反应	加入能与游离基结合的物质，破坏或阻碍连锁反应

活动二　常见消防器材的使用与规范

1. 灭火器

灭火器是一种可由人力移动的轻便灭火器具，它能在其内部压力作用下，将所充装的灭火剂喷出，用来扑救火灾。

灭火器按其移动方式可分为：手提式、置地型和推车式。如图5–3所示；按驱动灭火剂的动力来源可分为：储气瓶式、储压式、化学反应式；按所充装的灭火剂则又可分为：泡沫、干粉、卤代烷、二氧化碳、清水等。

a）手提式灭火器

b）置地型灭火器

c）推车式灭火器

图5-3　灭火器的类型

灭火器是由筒体、器头、喷嘴等部件组成。手提式灭火器的使用方法是：先除掉铅封，拔掉保险销，握住喷嘴对准着火点，用力按下压把，对准火焰根部进行灭火，如图 5–4 所示。

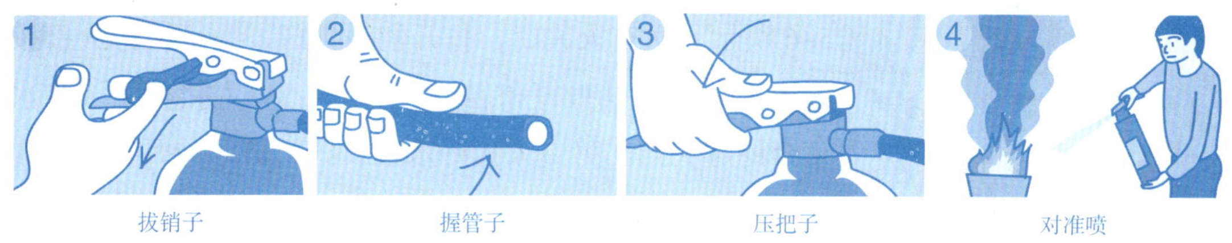

图 5-4 灭火器的使用方法

推车式灭火器的使用方法是：先将灭火器推到现场，除掉铅封，拔掉保险销，打开供气阀门，扳开灭火管开关。距火焰 2m 左右的火源，对着火焰根部进行扫射，直到灭熄整个燃烧区为止，如图 5–5 所示。

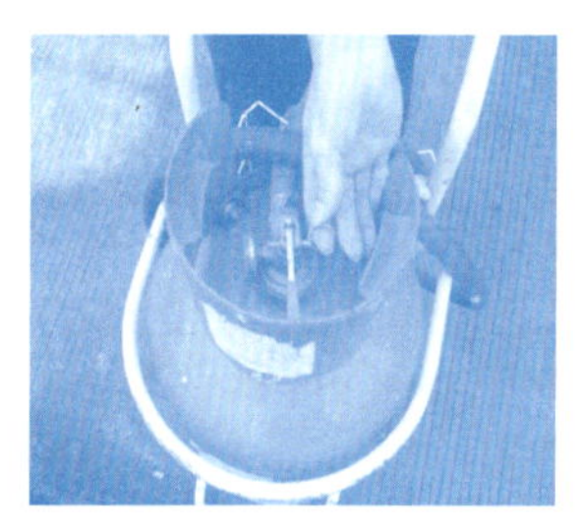 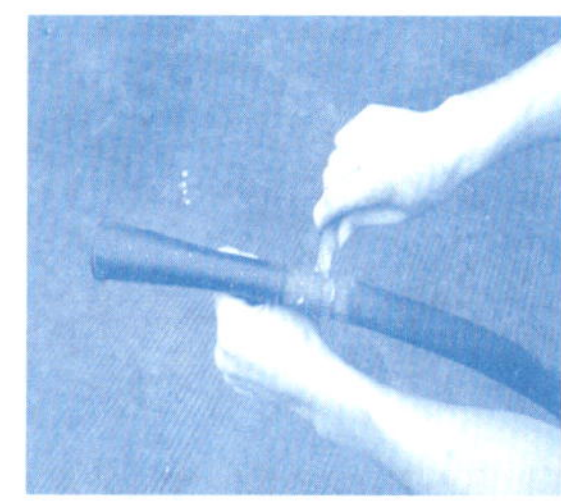 

图 5-5 推车式灭火器的使用方法

当然，对于具体的灭火器内充装的灭火剂类型，在使用时应严格按照说明书进行操作。同时不同类型的灭火剂，其适用范围也有所不同，只有正确选择灭火器的类型，才能有效地扑救不同种类的火灾，达到预期的效果。表 5–4 所示为各种灭火器适用的火灾种类。

各种灭火器适用的火灾种类　　表 5-4

<table>
<tr><th colspan="2" rowspan="2">火灾种类
灭火器类型</th><th>A 类火灾</th><th colspan="2">B 类火灾</th><th>C 类火灾</th><th>D 类火灾</th><th>E 类火灾</th><th>F 类火灾</th><th rowspan="2">使用温度范围（℃）</th></tr>
<tr><th>固体物质火灾</th><th>油品火灾</th><th>水溶性液体</th><th>气体火灾</th><th>金属火灾</th><th>带电火灾</th><th>烹饪器具内的烹饪物</th></tr>
<tr><td rowspan="2">水型</td><td>清水</td><td rowspan="2">√</td><td colspan="2" rowspan="2">×</td><td rowspan="2">×</td><td rowspan="2">×</td><td rowspan="2">×</td><td rowspan="2">×</td><td rowspan="2">4~55</td></tr>
<tr><td>酸碱</td></tr>
<tr><td rowspan="2">干粉型</td><td>磷酸铵盐</td><td>√</td><td colspan="2" rowspan="2">√</td><td rowspan="2">√</td><td rowspan="2">√</td><td rowspan="2">√</td><td rowspan="2">×</td><td rowspan="2">-10~55</td></tr>
<tr><td>碳酸氢钠</td><td></td></tr>
<tr><td colspan="2">化学泡沫</td><td>√</td><td>√</td><td>×</td><td>×</td><td>×</td><td>×</td><td>√</td><td>4~55</td></tr>
<tr><td rowspan="2">卤代烷型</td><td>1211</td><td rowspan="2">√</td><td colspan="2" rowspan="2">√</td><td rowspan="2">√</td><td rowspan="2">√</td><td rowspan="2">√</td><td rowspan="2">×</td><td rowspan="2">-20~55</td></tr>
<tr><td>1301</td></tr>
<tr><td colspan="2">二氧化碳</td><td>×</td><td colspan="2">√</td><td>√</td><td>√</td><td>√</td><td>×</td><td>-10~55</td></tr>
</table>

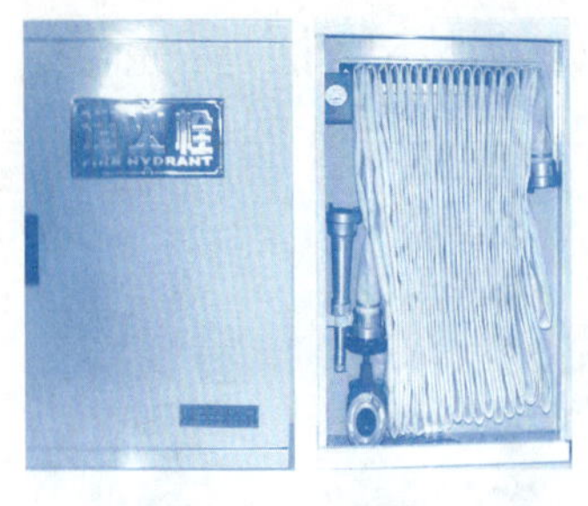

图 5-6　室内消火栓

2. 消火栓

消火栓包括室内消火栓系统和室外消火栓系统。

室内消火栓系统包括室内消火栓、水带、水枪，如图5-6所示。遇有火警时，打开消火栓门，按下内部火警按钮（按钮作用是报警和启动消防泵），一人接好枪头和水带奔向起火点，另一人接好水带和阀门口，逆时针打开阀门喷水即可，如图5-7所示。（注：电起火时要确定切断电源）

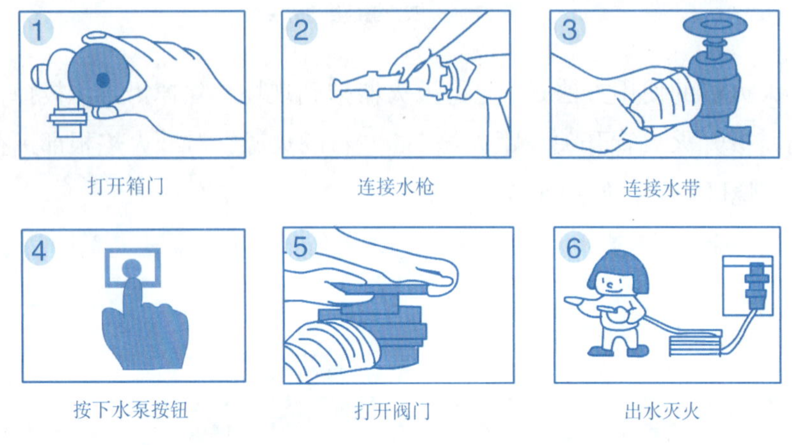

图 5-7　室内消火栓的使用

室外消火栓是设置在建筑物外面消防给水管网上的供水设施，主要供消防车从市政给水管网或室外消防给水管网取水实施灭火，使用时用扳手打开消防栓的水带口连接开关，连接水带和水枪，用扳手打开消防栓的出水阀门开关，至少两人以上手拿喷水枪头，向火源喷水直到火灭熄为止。

3. 自动喷淋系统

自动喷淋系统是一种在发生火灾时，能自动打开喷头喷水灭火并同时发出火灾报警信号的消防灭火设施。自动喷淋系统由洒水喷头、报警阀组、水流报警装置（水流指示器或压力开关）等组件，以及管道、供水设施组成。

自动喷淋系统装有烟感探头或温度感应探头，对烟气或温度进行侦测，当烟气或温度达到一定值时，探头报警，经主机确认后反馈到声光报警器动作，发出声音或闪烁灯光警告人们，并联动防排烟风机启动，开始排烟，同时打开雨淋阀的电磁阀，再联动喷淋泵，开式喷头直接喷水灭火。图5-8所示为自动喷淋系统的工作过程。

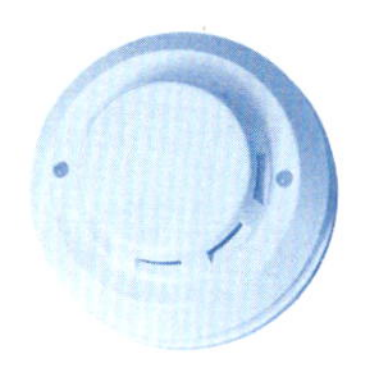

烟感探头器

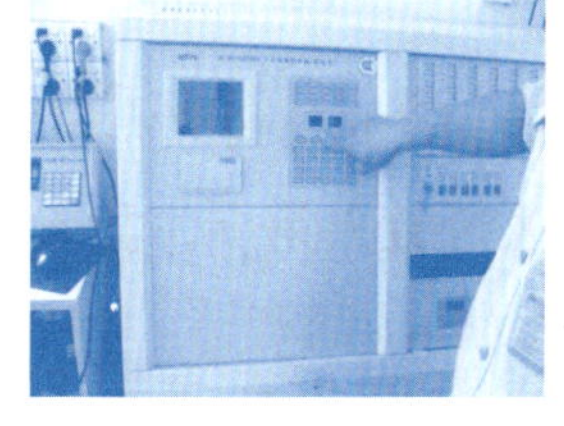

控制器接收信息

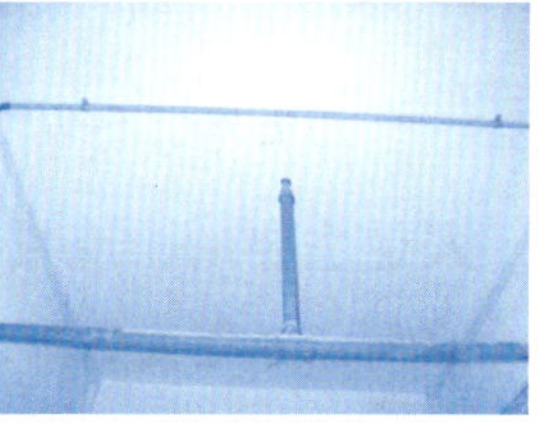

喷淋管供水

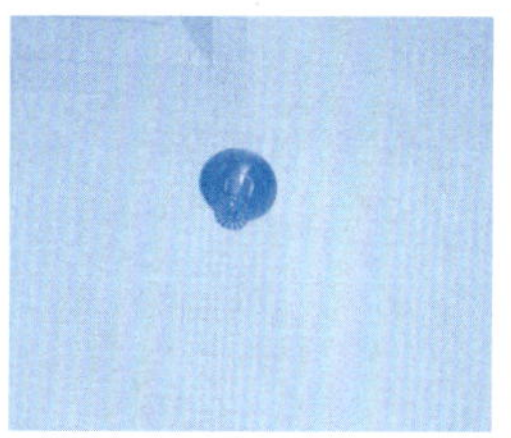

喷淋头自动喷水

图 5-8　自动喷淋系统的工作过程

4. 消防应急照明灯

消防应急照明灯是指为保证在发生消防事故时，在没有外置电源的情况下，可以保证照明，为人员逃生提供发光帮助的一种电器，如图 5–9 所示。它平时利用外接电源供电，在断电时会自动切换到使用状态，日常需要维护。

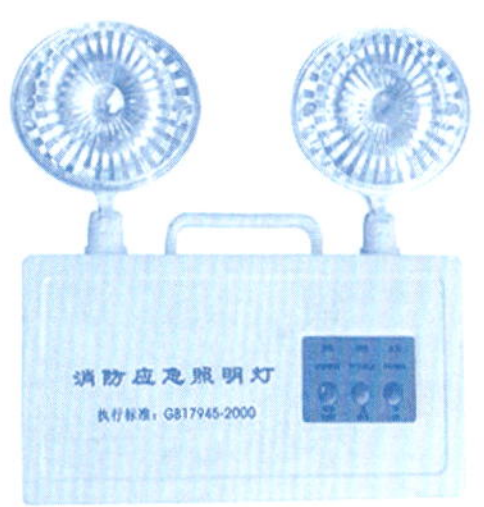

图 5-9　消防应急灯

活动三　发生火灾的应急措施

1. 火灾扑救的一般原则

1）报警早、损失少

报警应沉着冷静，及时准确。拨叫 119 火警电话时，应讲清楚起火单位名称、详细地址，报警电话号码，同时派人到消防车可能来到的路口接应，并主动及时地介绍燃烧的性质和火场内部情况，以便迅速组织扑救。

2）边报警，边扑救

在报警同时，要及时扑救初起火灾。在初起阶段由于燃烧面积小，燃烧强度弱，放出的辐射热量少，是扑救的有利时机，这时就地取材，不失时机地扑灭初起火灾是极其重要的。

3）先控制，后灭火

在扑救可燃气体、液体火灾时，可燃气体、液体如果从容器、管道中源源不断地喷散出来，应首先切断可燃物的来源，然后争取一次灭火成功。

4）先救人，后救物

在发生火灾时，如果人员受到火灾的威胁，人和物相比，人是主要的，应贯彻执行救人第一，救人与灭火同步进行的原则，先救人后疏散物资。

5）防中毒，防窒息

在扑救有毒物品时要正确选用灭火器材，尽可能站在上风向，必要时要佩戴面具，以防中毒或窒息。

6）听指挥，莫惊慌

平时加强防火灭火知识学习，并积极参与消防训练，才能做到发生火灾不会惊慌失措。

2. 火场逃生十法

1）迅速撤离法

当进入公共场所时，要留意其墙上、顶棚上、门上、转弯处设置的“太平门”、“紧急出口”、“安全通道”等疏散指示标志，一旦发生火灾，按疏散指示标志方向迅速撤离，如图 5-10 所示。

2）低身前进法

火灾发生时烟气大多聚集在上部空间，在逃生过程中应尽量将身体贴近地面匍匐或弯腰前进如图 5-11 所示。

3）毛巾捂鼻法

火场上的烟气温度高、毒性大，吸入后很容易引起呼吸系统灼伤或人体中毒。疏散中应用浸湿的毛巾、口罩等捂住口鼻，以起到降温及过滤的作用，如图 5-12 所示。

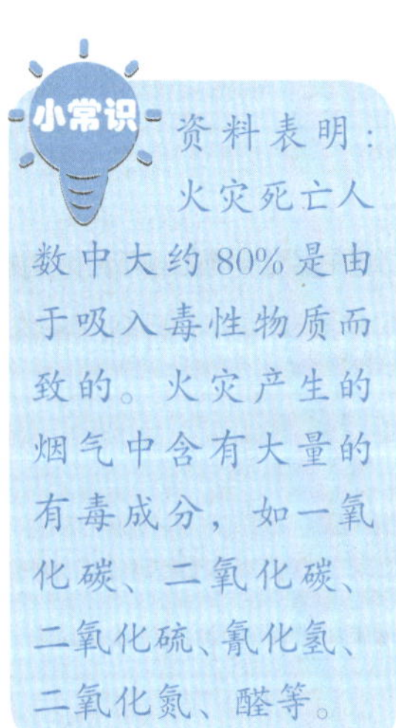
小常识 资料表明：火灾死亡人数中大约 80% 是由于吸入毒性物质而致的。火灾产生的烟气中含有大量的有毒成分，如一氧化碳、二氧化碳、二氧化硫、氰化氢、二氧化氮、醛等。

图 5-10 迅速撤离

图 5-11 低身前进

图 5-12 毛巾捂鼻

4）厚物护身法

确定逃生路线后，可用浸湿的棉被或毛毯、棉大衣盖在身上，以最快的速度钻过火场并冲到安全区域，如图 5–13 所示。不能用塑料或化纤等类物品来保护身体，否则会适得其反。

5）跳板转移法

可以在阳台上、窗台、屋顶平台等处用木板、木桩、竹竿等有承受力的物体，搭至相邻单元或相邻建筑，以此作为跳板转移到相对安全的区域，如图 5–14 所示。

6）管线下滑法

当建筑物外墙或阳台边上有落水管、电线杆、避雷针引线等竖直管线时，可借助其下滑至地面，如图 5–15 所示。同时应注意一次下滑时人数不宜过多，以防止逃生途中因管线损坏而致人坠落。

图 5-13 厚物护身

图 5-14 跳板转移

图 5-15 管线下滑

7）结绳自救法

家中有绳索的（或将床单、被罩、窗帘等撕成条，拧成麻花状），可直接将其一端拴在门、窗档或重物上，沿另一端爬下，如图 5–16 所示。逃生过程中，脚要成绞状夹紧绳子，双手交替往下爬，并尽量用手套、毛巾将手保护好。

8）器械逃生法

有条件的家庭可以利用平时准备的家用缓降器等专用救生设备逃生，如图 5–17 所示。

9）信号求救法

在等待救援的过程中，应通过大声呼救、挥动布条、敲击金属物品、投掷软物品等方式引起救援人员的注意，如图 5–18 所示；夜间可用手电筒、应急灯等能发光的物品发出信号。

图 5-16 结绳自救

图 5-17 器械逃生

图 5-18 信号求救

图 5-19 空间避难

10）空间避难法

在暂时无法向外疏散时，可选择卫生间、厨房等空间小且有水源和新鲜空气的地方暂时避难。将毛巾等棉织物塞进门缝阻挡烟气，在地面上泼水降温，等待救援，如图 5-19 所示。在消防队员到来后，可通过搭乘消防云梯、救生直升机或利用救生气垫逃生。

任务二 空气污染防治

自人类开始使用火之后，空气污染便随之发生。后来由于人口增加，科技进步，大量使用化石燃料作为主要能源，以至于污染物不断排放到空气中，使自然环境的净化能力逐渐失去作用，空气污染问题也变得日益严重。

活动一 空气污染来源分析

空气污染物通常指以气态形式进入近地面或低层大气环境的外来物质。如氮氧化物、硫氧化物和碳氧化物以及飘尘、悬浮颗粒等（直径在 0.1~100μm，不易在重力作用下沉降到地面，长期飘浮在空气中），空气污染的主要来源如下：

1. 生产性污染

生产性污染是大气污染的主要来源，包括燃料的燃烧，主要是煤和石油燃烧过程中排放的大量有害物质，如烧煤可排出烟尘和二氧化硫；烧石油可排出二氧化硫和一氧化碳等；生产过程排出的烟尘和废气，以火力发电厂、钢铁厂、石油化工厂、水泥厂等对大气污染最为严重；农业生产过程中喷洒农药而产生的粉尘和雾滴。

2. 生活性污染

生活性污染是指由生活炉灶和采暖锅炉耗用煤炭产生的烟尘、二氧化硫等有害气体。

3. 交通运输性污染

交通运输性污染是指由汽车、火车、轮船和飞机等排出的尾气，其中汽车排出有害尾气距呼吸带最近，而能被人直接吸入，其污染物主要是氮氧化物、碳氢化合物、一氧化碳和铅尘等。

活动二 空气污染原因分析

【案例】1952 年英国伦敦发生了一次严重大气污染事件，空气污染导致伦敦形成厚重雾霾，如图 5-21 所示，直接或间接导致 12000 人因为空气污染而丧生。

图 5-21 1952 年 12 月伦敦大气污染

1. 对人体的危害

空气中的有害物质，可以经由皮肤、口、呼吸道入侵人体，其中以经由呼吸道侵入人体，引起呼吸系统的疾病，如支气管炎、气喘、咳嗽、呼吸困难、肺癌等，危害广，受害人众多，最为可怕。图 5-20 所示为不同直径的有害物质侵入人的呼吸系统，给人造成的危害。

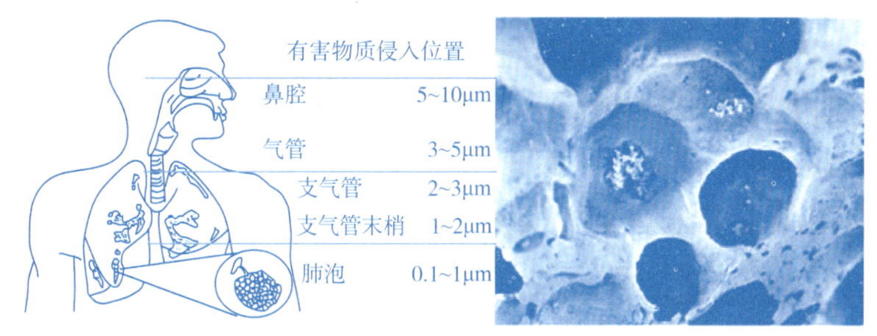

图 5-20 空气污染对人体的危害

2. 对动植物的危害

空气污染会使植物枯萎及家畜成群生病、死亡。根据研究，空气中含有过量的二氧化硫、二氧化氮浮尘时，将堵塞植物叶孔，使植物无法生长，果实掉落，甚至枯萎死亡。

3. 对物体、建筑物的危害

污染的空气中，含有大量二氧化硫、一氧化硫、一氧化氮、二氧化氮，与阳光、氧、水分等互相作用，形成酸性极强的硫酸及硝酸离子，溶解在雨水之中，或不溶于雨水直接以颗粒物质下降至地表，这两种状况我们都称之为酸雨，如图 5-22 所示。

酸雨会使金属腐蚀、塑料脆化碎裂、皮革腐化，并会弄脏衣物、缩短车辆使用年限、侵蚀建筑物等，图 5-23 所示为经历 60 年，德国石雕像已彻底被酸雨毁坏了。同时酸雨对动植物及环境生态，也造成严重的伤害。

图 5-22　形成酸雨的原因

图 5-23　德国石雕像被酸雨侵蚀

4. 对地球的危害

1）温室效应

化石燃料在燃烧之后，产生大量的温室效应气体（如二氧化碳），会大量吸收光线中的红外线并产生热能，使得地表温度升高，导致所谓“温室效应”的产生，如图 5-24 所示；大气中的二氧化碳就像一层厚厚的玻璃，使地球变成了一个大暖房。据估计，如果没有大气，地表平均温度就会下降到 -23℃，而实际地表平均温度为 15℃，也就是说温室效应会使地表温度提高 38℃。

而高温造成极地冰山融解，相较于 1979 年，2005 年的北极海冰面积已大幅减少，如图 5-25 所示；北极海冰因全球暖化而减少，将导致北极熊的灭亡。

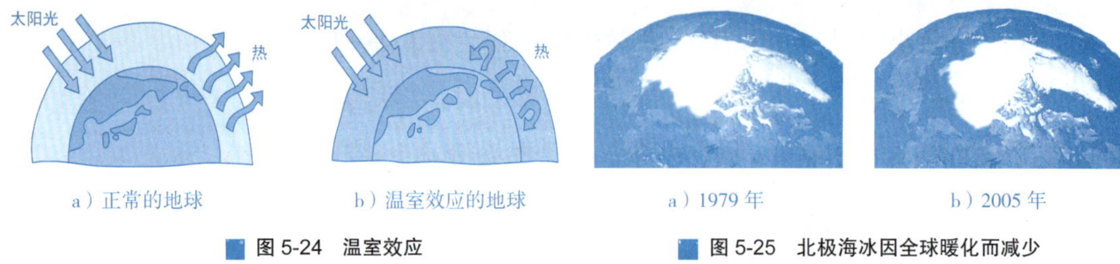

a）正常的地球　b）温室效应的地球

图 5-24　温室效应

a）1979 年　b）2005 年

图 5-25　北极海冰因全球暖化而减少

2）破坏臭氧层

早期地球大气层的气体，主要是以二氧化碳（CO_2）、水汽（H_2O）、氮气（N_2）等气体为主，后來海洋中藻类大量繁殖，光合作用的结果使得大气中的氧气（O_2）开始增多，氧气受到紫外线的照射产生臭氧（O_3）。臭氧是无色、有毒、有刺激味的气体，大部分的臭氧分布在大气层中平流层的位置，其中又以距地表 25km 附近高空臭氧的浓度最大，此处也称为臭氧层，如图 5-26 所示。

臭氧能吸收紫外线，减少生物直接遭受紫外线的照射，陆地上的生物便能在此保护伞下，顺利地生长与繁殖。

大量的氟氯碳化物排放到空中，使得臭氧层遭到破坏，图 5-27 所示为 1980 年 10 月至 2004 年 10 月臭氧的含量减少，南极形成的臭氧层破洞。大量的紫外线得以直接照射地面，紫外线过多会使人体出现如晒斑、眼病、免疫系统变化、光变反应和皮肤病（包括皮肤癌）等情况，图 5–28 所示为臭氧层破坏引发皮肤癌。同时在海洋表面生活的浮游生物，也将发生集体死亡的危机，进而影响全球的生态。

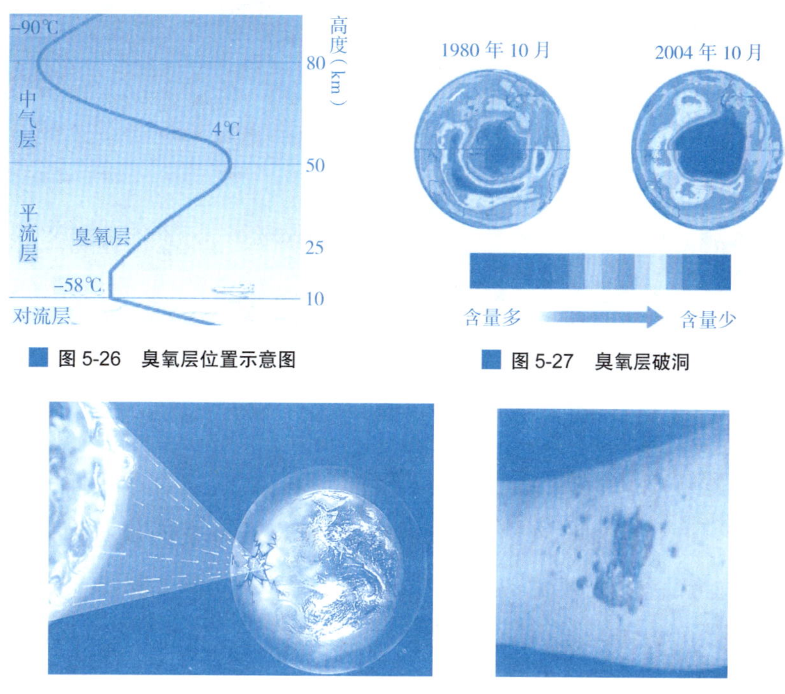

图 5-26　臭氧层位置示意图

图 5-27　臭氧层破洞

图 5-28　臭氧层破坏引发皮肤癌

3）海平面上升

研究表明，由于全球气候暖化，造成南、北极冰原加速融化；到 2100 年，海平面可能上升 6m，马尔代夫群岛将会逐渐没入海底。

中国台湾地区曾经针对海平面上升对台湾地区冲击做出评估，发现当海平面上升 0.5 m 时，其将损失 105 km^2 的土地，而有 1237.6 km^2 的土地处于风险之中；如果海平面上升 1 m，则会损失 272 km^2 的土地，并有 1246.2 km^2 的土地处于风险中。

5

活动三　空气污染的防治

从空气污染的产生过程分析，防治大气污染的根本方法，是从污染源着手，通过削减污染物的排放量，促进污染物扩散稀释等措施来保证大气环境质量。目前主要从以下方面入手寻求大气污染的控制途径。

1. 减少污染物排放量

多采用无污染能源，如太阳能、风能、水力发电，如图 5–29 所示；改革能源结构，用低污染能源，如使用天然气，如图 5-30 所示；对燃料进行预处理，如烧煤前，先进行脱硫处理；改进燃烧技术等均可减少排污量。另外，在污染物未进入大气之前，使用除尘消烟技术、冷凝技术、液体吸收技术、回收处理技术等消除废气中的部分污染物，可减少进入大气的污染物数量。

图 5-29　迪拜风能发电

图 5-30　东风雪铁龙天然气汽车

2. 发展植物净化

植物具有美化环境、调节气候、截留粉尘、吸收大气中有害气体等功能，在城市和工业区有计划、有选择地扩大绿地面积是大气污染综合防治具有长效能和多功能的措施。

3. 利用环境的自净能力

大气环境的自净有物理、化学（扩散、稀释、氧化、还原、降水洗涤等）和生物作用。在排出的污染物总量恒定的情况下，污染物浓度在时间上和空间上的分布同气象条件有关，认识和掌握气象变化规律，充分利用大气自净能力，可以降低大气中污染物浓度，避免或减少大气污染危害。

尽管环境问题的彻底解决要依赖整个社会、国家的政策法规和先进的科技，但眼下我们自己也要主动防御，尽量减少受空气污染的危害。

（1）避免雾天晨练。可以改在太阳出来后再晨练，也可以改为室内锻炼。

（2）空气污染严重时尽量减少外出。如果不得不出门时，最好戴上口罩，如图 5-31 所示。

图 5-31　空气污染严重时应佩戴口罩

（3）患者坚持服药。呼吸病患者和心脑血管病患者在雾天更要坚持按时服药。

（4）别把窗户紧闭。可以选择中午阳光较充足、污染物较少的时候短时间开窗换气。

（5）尽量远离公路。上下班高峰期和晚上大型汽车进入市区这些时间段，污染物浓度最高。

（6）补钙、补维生素 D，多吃豆腐、雪梨等。

任务三　饮水安全与卫生

水占人体体重约 70%，是体液的主要组成部分，是构成细胞、组织液、血浆等的重要物质。水作为体内一切化学反应的媒介，是各种营养素和物质运输的平台，水对人体健康起着重要的作用。世界卫生组织 (WHO) 的一项调查显示，全世界 80% 的疾病是由饮水不当而造成，因此，只有科学、合理、安全地饮用水，才能保障生命的健康生存。

但是随着工业的发展，世界范围内饮水水源污染越来越严重，水中病原微生物、重金属和有机物等三种污染物质并存，饮水危害健康的问题十分严峻。

活动一　水污染原因分析

水污染的原因

（1）人口大量增加，且集中在都市，因而产生大量生活废水（洗涤、洗衣排水等），有毒的化学清洁剂会污染水源。

（2）工业高度成长，未经处理的工业废水任意排放，如图 5–32 所示。

图 5-32　水污染

（3）农业上过量使用的肥料、农药，易流入水源造成污染。例如山上的农场、高尔夫球场，其农药及肥料因聚集于下游的水库，造成水库优氧化。

（4）空气中污染物质降落而污染水源。

5

活动二　水污染的防治

防治水污染，必须加强监测管理，制定法律和控制标准，减少有害物质的排放。同时废水在排放前需经过处理，除去有害物质后，才能放流于环境，图 5-33 所示为污水处理工艺流程图。

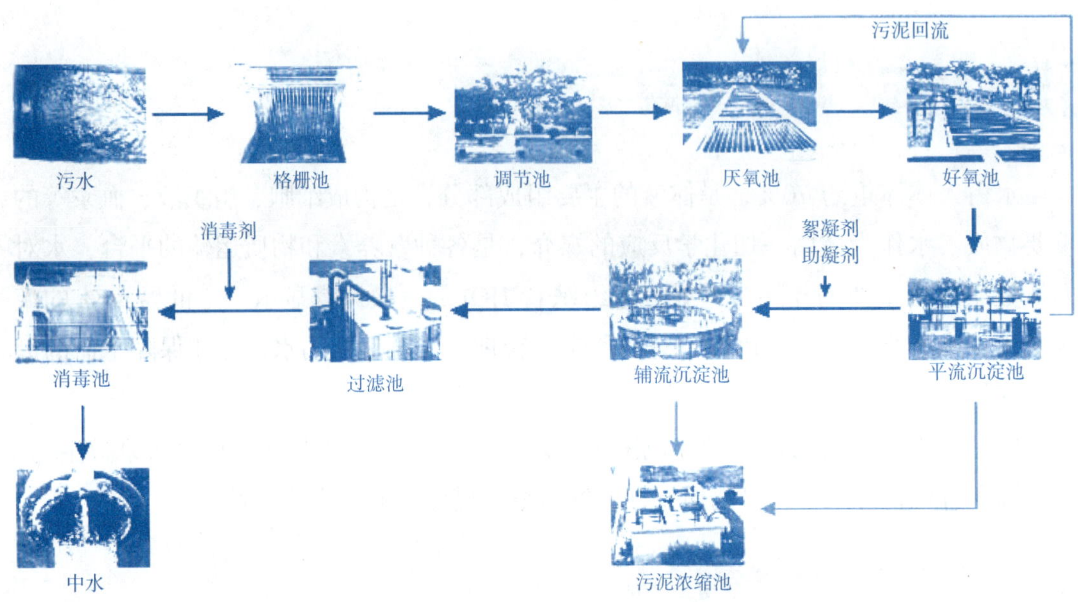

图 5-33　污水处理工艺流程图

活动三　饮用水品质安全常识

1. 安全饮用水的基本要素

《生活饮用水卫生标准》（GB 5749—2006）明确规定，生活饮用水必须满足以下三项基本要求：

（1）保证流行病学安全，即要求生活饮用水中不得含有病原微生物，应防止介水传染病的发生和传播。

（2）水中所含化学物质和放射性物质不得对人体健康产生危害，不得产生急性或慢性中毒及潜在的远期危害（致癌、致畸、致突变）。

（3）生活饮用水必须确保感官性状良好，能被饮用者接受。

2. 购买桶装、瓶装水的注意事项

（1）购买品牌。首选规模比较大的企业和知名品牌，饮用水已纳入质量安全市场

准入管理，所有产品上应有 QS 标志。

（2）看产品标签。合格的产品标签应清晰标注其产品名称、净含量、制造者名称、地址、生产日期、保质期、产品标准号等内容，如图 5–34 所示。

（3）鉴别水的感官品质。合格的饮用水应该无色、透明、清澈、无异味、无异臭，没有肉眼可见物。颜色发黄、浑浊、有絮状沉淀或杂质，有异味的水一定不能饮用。

（4）桶装、瓶装水一旦打开，饮用期一般不超过 15 天，通常应在 7 天内用完，不能久存，图 5–35 所示为桶装水饮用期含菌量。桶装、瓶装水最好放在避光、通风阴凉的地方。

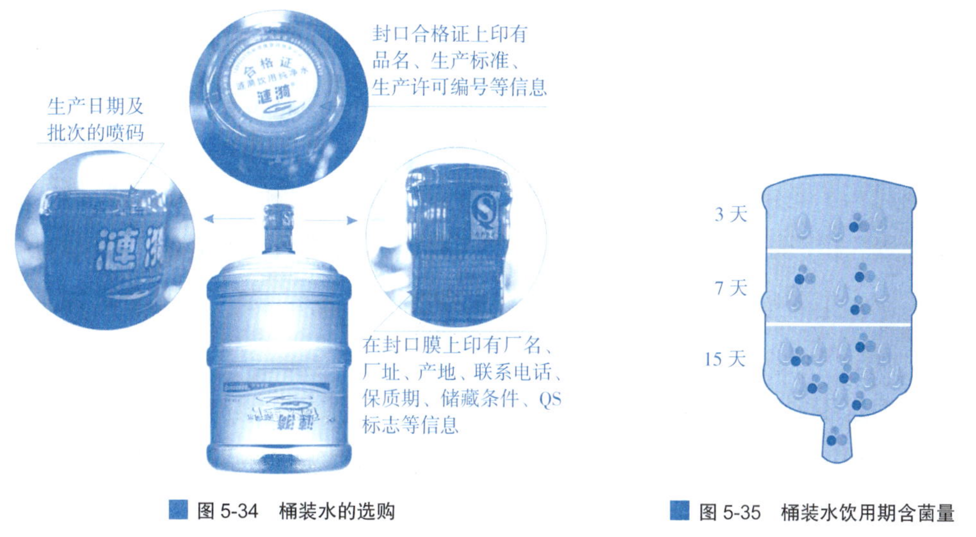

图 5-34 桶装水的选购

图 5-35 桶装水饮用期含菌量

（5）净水机制水时要看清机器的卫生状况，机器管理的巡视、滤芯更换及清洁频率记录。尽量选择卫生状况良好，机器管理的巡视、滤芯更换及清洁频率高的机器购买。

3. 养成良好的饮水卫生习惯

1）饮水量和饮水时间

根据美国洛杉矶国际医药研究所的研究，成年人每天饮水量的标准是：每千克体重每天应该补充 40mL 水，按这个计算方法，成年人每天需水量在 2000~2500mL。

怎么喝水才能既合理又足量呢？实际上人们在一天中补充水分是有最佳时间的，表 5–5 为英国专家推荐的一天中补充水的最佳时间，供大家参考。

一天中补充水最佳时间表　　表 5-5

时　间	作　　用
6:30	起床之际先喝 250mL 的水，可帮助肾脏及肝脏解毒
8:30	到办公室后，先喝一杯至少 250mL 的水

续上表

时　间	作　　用
11:00	喝一杯水，补充流失的水分，有助于放松紧张的工作情绪
12:50	喝一些水，加强身体的消化功能
15:00	喝一杯水，能提神醒脑
17:30	下班离开办公室前再喝一杯水，增加饱足感，到晚餐时不会暴饮暴食
22:00	睡前再喝上一杯水，增进血液循环，但不能太多，以免夜里上洗手间

2）饮水注意事项

（1）生水、没有烧开的水不要喝。如自来水、河水、湖水、井水等，因含有很多对人体有害的细菌、病毒和寄生虫等，很容易引起急性肠胃炎、病毒性肝炎、伤寒、痢疾和寄生虫感染。

（2）千滚水不要喝。千滚水指重新烧开的水，这种水中重金属成分和亚硝酸盐等物质含量高，长期饮用会引起腹泻、腹胀、中毒、致癌、甚至死亡。

（3）老化水。老化水俗称死水，是指长时间储存的水。由于水的活性降低，有毒物质含量增加，将影响未成年人的生长发育。中老年人容易引发食道癌、胃癌等疾病。

（4）蒸馏水不要喝。因蒸馏水只能除去非挥发性物质，但氨、硫化氢等挥发物质不能除去。

（5）纯净水不要喝。因为纯净水中的矿物质微量元素等都没有了，长期饮用这样的水，容易造成肾衰竭。由于纯净水具有酸性，将加速体质酸性化，长期饮用容易导致人体疲劳和亚健康等及其他疾病发生。

任务四　噪声污染与防治

人们生活在有声有色的世界里，环境中有各种各样的声音，既有悦耳动听的，也有使人烦恼的。所谓的“噪声”，是指人们不需要的，被人们讨厌的干扰声。

活动一　噪声来源分析

1. 交通噪声

交通噪声包括各种车辆、飞机、船舶等交通运输工具所发出的噪声，图 5-36 所示为交通噪声的大小。噪声来源为发动机噪声、轮胎噪声、空气中的噪声和车身结构造成的噪声等。

图 5-36　交通噪声

2. 工地噪声

工程营建时，各种营建设备如挖掘机、货车、起重机等所发出的噪声，如图 5-37 所示。噪声来源为工程机械的发动机声、撞击声、敲击声、切削声、挖掘声等。

3. 工业噪声

工厂生产过程中，人员、广播、机器设备、制造过程都会产生噪声，如图 5-38 所示。例如重工业、金属加工业、建筑业、纺织业、印刷业、水泥制造业等，都是工业噪声的主要来源。

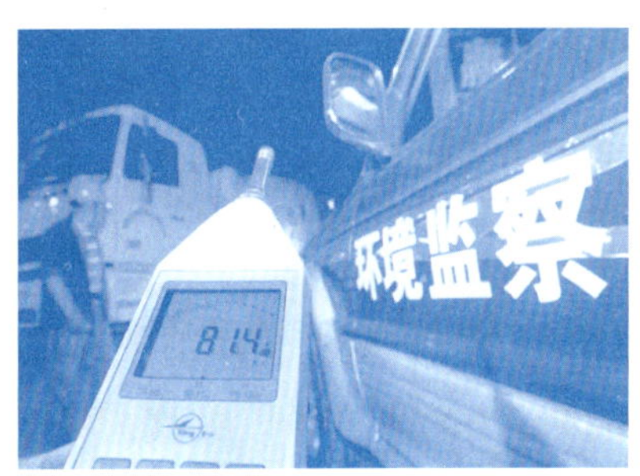

图 5-37　工地噪声

图 5-38　工业噪声

4. 生活噪声

城市中聚集大量的人口，食、衣、住、行相关行业蓬勃发展，也就产生可观的噪声。例如夜市、菜市场群众喧嚷，唱片行、汽车修理店产生噪声、车辆噪声，喜庆施放鞭炮等。

活动二　噪声的危害

17 世纪人们就开始研究噪声，在 20 世纪 50 年代后，噪声被公认为是一种严重的公害污染。噪声用分贝（dB）来表示，人耳刚刚能听到的声音是 0~10dB。人低声耳语约为 30dB，大声说话为 60~70dB。一般认为 40dB 是正常的环境声音，40dB 以上就是有害的噪声，将危害人体健康，表 5-6 为噪声对人体机能的危害。

噪声对人体机能的危害　　表 5-6

危　害	具体内容
胃肠病增加	噪声会使人心情不安，胃液分泌异常，容易造成消化不良
血压上升	自律神经受刺激，心脏跳动不齐，毛细管收缩，使血压升高
听力衰退	尤其是高分贝噪声，容易造成重听或外耳出血及耳聋等现象
效率降低	经常在噪声下生活的人，其计算能力会大幅度降低
维他命流失	在噪声中工作，容易疲倦，维他命消耗大，必须适当补充
妨害睡眠	噪声会妨碍睡眠，降低工作效率，影响健康

活动三　噪声的防治

噪声防治指的就是防止人受到不喜欢声音的干扰，或防止声音传送出去影响别人。噪声防治可以从下列方面着手。

1. 来源管制

降低不必要的振动、摩擦、撞击，减少噪声的产生。设立工业区、商业区，集中管制噪声来源。

2. 隔声

主要的目的是将声音作隔离，不让声音从甲地传到乙地。图 5-39 所示为在公路边安装隔声板，在室内安装隔声墙、隔声窗、隔声门等。

3. 消声

为了让隔声工程完成后的空间能有良好的通风环境，必须要做消声处理。图 5-40 所示为采用通风消声箱（器），将通风口或空调风管中的声音予以吸收，降低经由通风管道传递的声音。

图 5-39　公路边安装的隔声板

图 5-40　通风消声箱

4. 吸声

我们都知道在深山中大喊后，声音在群山中经过重重反射会产生回声。吸声就是要减少声音的反射，常见的吸声材料有石绵纤维、玻璃纤维、粗麻布、丝绒布、寒冷纱等。

5. 防护器具

在噪声场所中工作，应佩戴耳罩、耳塞等个人防护器具，来降低噪声。

自然灾害的预防与自救

自然界中所发生的异常现象，如地震、火山爆发、泥石流、海啸、台风、洪水能给人类的生命及财产造成巨大的损失，是不可抗拒的自然灾害。但是，如果具备灾害发生前的紧急预案措施和发生后的基本自救常识，就能把损失降低到最低限度。

一、台风

（1）台风袭来时，应打开门窗，使室内外的气压得到平衡，以避免风力掀掉屋顶，吹倒墙壁。

（2）在室内，人应该保护好头部，面向墙壁蹲下。

（3）在野外遇到台风，应迅速向台风前进的相反方向或者侧向移动躲避。

（4）台风已经到达眼前时，应寻找低洼地形趴下，闭上口、眼，用双手、双臂保护头部，防止被飞来物砸伤。

（5）乘坐汽车遇到台风，应下车躲避，不要留在车内。

二、洪涝

（1）受到洪水威胁，如果时间充裕，应按照预定路线，有组织地向山坡、高地等处转移；在措手不及，已经受到洪水包围的情况下，要尽可能利用船只、木排、门板、木床等，做水上转移。

（2）洪水来得太快，已经来不及转移时，要立即爬上屋顶、楼房高屋、大树、高墙，做暂时避险，等待援救。不要单身游水转移。

（3）在山区，如果连降大雨，容易暴发山洪。遇到这种情况，应该注意避免渡河，以防止被山洪冲走，还要注意防止山体滑坡、滚石、泥石流的伤害。

（4）发现高压线铁塔倾倒、电线低垂或断折，要远离避险，不可触摸或接近，防止触电。

三、地震

地震监测主要是利用各种仪器设备去研究岩石中正在发生的各种物理变化。地震仪对微弱震能进行连续记录，分析研究记录，可以推断地震的发震趋势。此外，天气和动物的异常反应，地光、地声的产生，也是地震将到来的预兆。

（1）地震时，若在楼房里，应选择厨房、卫生间等开间小的空间避震，也可躲在墙根、墙角、坚固的家具旁等易于形成三角空间的地方，如图 5-41 所示。

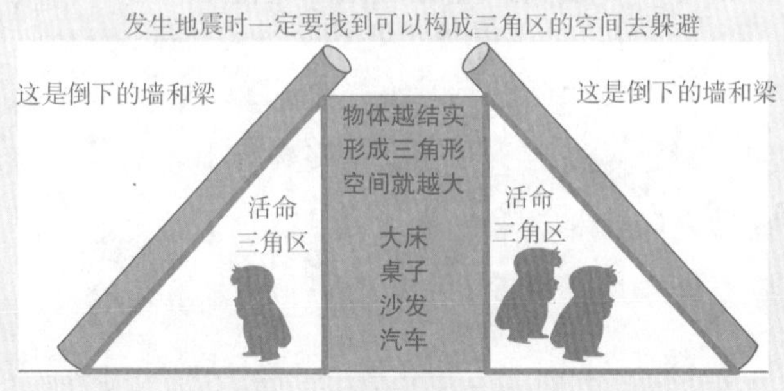

图 5-41 地震活命三角区

（2）正在教室上课、公共场所活动时，应迅速抱头闭眼，在讲台、课桌、工作台、办公家具下躲避。要远离外墙、门窗、阳台，不要乘坐电梯逃离高楼，也不要跳楼逃生，而应走安全通道。

（3）身体遭到地震伤害时，应设法清除压在身上的物体，不要惊慌和大声呼救，注意保存体力和呼吸畅通，设法用石块、铁器等敲击物体与外界联系。

四、雷电天气

（1）在室内时，尽量不要开门、开窗，防止雷电直击室内；不要接触壁墙、门窗以及所有沿墙的金属器件，还要远离一切电线；雷雨闪电时，不要开电视机、电脑、VCD 机等，应拔掉一切电源插头，以免伤人及损坏电器；不要把晾晒衣服被褥的铁丝，拉接到窗户及门上。

（2）如果在户外遭遇雷雨，应马上找些干燥的绝缘物放在地上，并将双脚合拢坐在上面，切勿将脚放在绝缘物以外的地面上，因为水能导电；并同时双手抱膝，胸口紧贴膝盖，尽量低下头，远离金属体和电线杆等，如图 5-42 所示。

图 5-42 户外遭遇雷雨自救方法

任务五 典型案例分析

案例一 无证违章操作酿特大火灾

2000年12月25日晚，洛阳市老城区某商厦楼前五光十色，灯火通明。某台商新近租用该商厦的一层和地下一层开设百货商场，正紧张忙碌地进行装修。商厦4层开设的一个歌舞厅正举办圣诞狂欢舞会。就在此时，楼下几簇小小的电焊火花使正在装修的地下室着火，火势和浓烟顺着楼梯直逼4层歌舞厅。火灾最终造成309人中毒窒息死亡，7人受伤，直接经济损失275万元。

【分析】

1. 原因分析

(1)引起火灾的主要原因是商厦地下一层非法施工、施焊人员违章作业。

施焊人员明知商厦地下二层存有大量可燃木制家具，却在不采取任何防护措施的情况下违章作业，导致电焊火花溅落到地下二层家具商场的可燃物上造成火灾。

(2)火灾发生后，肇事人员和商厦在现场的职工和领导既不报警，也不通知4层歌舞厅人员撤离，使歌舞厅大量人员丧失逃生机会，中毒窒息死亡。

(3)此外，百货商场未经工商管理部门批准，施工前也未向消防监督部门申报，施工本身属于非法施工。

2. 防范措施

(1)为预防火灾，焊工应持证上岗，在焊接过程中要注意防火。

(2)焊接场所应采取妥善的防护措施，并设专职安全员监视火种。

(3)易燃品要远离工作场地10m以外，如无法移去，应采取切实可行的隔离方法。

(4)应备有一定数量的灭火器材，如砂箱、泡沫灭火器等。

(5)事故发生后应立即报警，争取时间把火灾损失减到最小。

(6)加强雇员的职业道德教育。

案例二 无形杀手——空气污染

2013年1月我国大部分地区被雾霾笼罩，2013年1月12日北京PM2.5指数濒临“爆表”，城区普遍达到6级极重污染，即最高的污染级别。西直门北、南三环、奥体中心等监测点PM2.5实时浓度突破900，西直门北空气污染监测点最高达993μg/m^3，如图5-43所示。

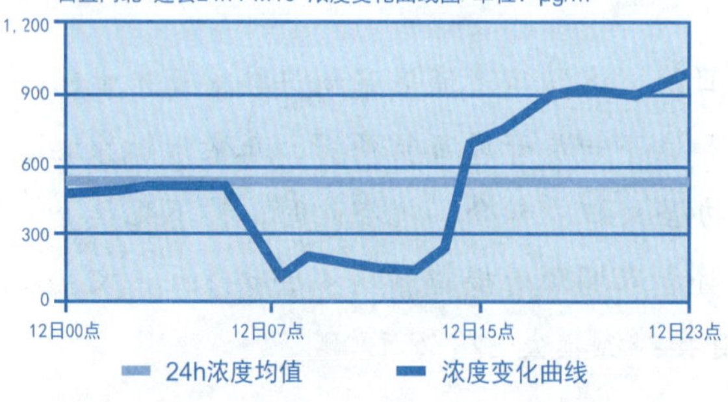

图 5-43 西直门北空气污染监测值

空气中充满了煤尘和汽车尾气的味道，浓重的烟雾笼罩了北京数天。在北京市中心，烟雾浓到能见度只有数百米，高楼大厦消失在一片灰蒙之中，如图 5-44 所示。即使在屋里，空气看上去也朦朦胧胧的。

图 5-44 2013 年 1 月 13 日上午 10 点半北京中央商务区被雾霾笼罩

北京持续重度污染，除影响人们的出行外，也使得呼吸道疾病和心血管疾病患者有所增加。999 急救中心在 2013 年 1 月 12 日和 13 日的数据统计显示，两天共接送 51 名肺部感染患者、5 名气管炎和哮喘患者，而心血管疾病患者最多，两天共计 86 人。

【分析】

1. 原因分析

2013 年 1 月北京的雾霾天气是由北京市区和周边的污染排放造成的。机动车排放的尾气和燃煤排放的废气是污染的主要来源，加上工业废气、各类工地的土石方、渣土运输和拆迁企业造成的扬尘污染，就形成了北京长时间持续的雾霾天气。

2. 防范措施

北京市专门针对雾霾天气实施了治理措施：北京市三成公务车停驶，多家重点排污企业停产，所有渣土运输车禁止上路行驶。

（1）党政机关和企事业单位，各区县、各部门、各企事业单位带头停驶30%的公务用车。

（2）对于上路的机动车，北京市交管局、市城管执法局、市环保局即刻启动联勤联动机制，加强执法检查，特别是严厉查处大货车遗撒、尾气超标等行为。

（3）为降低大气污染对人体造成的伤害，在雾霾天公众应尽量避免外出，避免在室外进行剧烈运动，尤其易感人群应加强自身保护。

案例三　东川小江变“牛奶河”

2013年4月1日，云南省某地惊现“牛奶河”，如图5-45所示。当地公安机关确定当地三家企业涉嫌污染环境犯罪，立案侦查发现，这些企业从山里采的原矿经过打碎进入浮选池，通过投放硫化钠等物质，提炼出含铜成分，再加入干燥剂进行脱水。精选1t铜矿需要4t水，会产生2~3t废水。废水应该统一放入尾矿库进行处理，可以循环使用，但不允许直接排放。这些企业为了眼前的利益将废水通过暗沟直接排入了小江造成污染。

图5-45　东川小江变“牛奶河”

周边村民称直接用河水浇灌会导致农作物减产，严重污染周边的农田。据了解，违法企业向小江排放的最主要污染物是黄原酸盐，直接排放污水或污水流失造成了水体和土壤污染，危害水生物，淤塞河流、湖泊。检察机关以涉嫌污染环境罪批准逮捕昆明东川“牛奶河”事件8名责任人。

【分析】

1.原因分析

（1）一些企业只顾眼前利益直接排放污染废水。

（2）企业直接监管机构监管不力，缺乏管控措施。

（3）法制不力，不能触及企业主的根本利益。

我国《水污染防治法》七十六条明确规定“利用渗井、渗坑、裂隙或者溶洞排放、倾倒含有毒污染物的废水、含病原体的污水或者其他废弃物的……处五万元以上五十万元以下的罚款。”而企业购买污水处理设备，则需要花费百万，甚至上千万的，显然这种处罚力度是不够的。

2. 防范措施

（1）应加快完善立法。并在执法的过程中，环保部门和政府内部多部门协力，如司法机关介入来补齐环保部门的“短板”。

（2）健全国内的公益诉讼。任何一名受到不良空气污染、水体侵害的公民个体，都可以直接以公益诉讼的名义，向相关企业要求维权，向法院起诉行政的不作为者。这样也会对企业形成威慑。

案例四　无形的暴力——噪声污染

某小区进行建筑施工，居民们不堪忍受周围建筑噪声，愤而向“环保110”投诉。环保部门接到投诉后，进行了实地勘察和监测。经查明，该工程是由某建筑公司承建的，该建筑公司在开工前，未向该市环境保护行政主管部门进行申报。

环保部门到工地查处时，发现工地正在夜间施工，对此该建筑公司负责人申辩：他们并未在夜间大规模施工，只是混凝土浇铸因工艺的特殊需要，开始之后就无法中止，即便是夜间也不能停工。但是该建筑公司并没有办理相关的夜间开工手续。经环保部门监测，该工地白天噪声为70dB，夜间噪声为54dB，虽未超过国家规定的建筑施工噪声源的噪声排放标准，但超过《城市区域环境噪声标准》中规定的区域标准限值，构成了环境噪声污染。于是环保部门对该建筑公司未依法进行申报和办理夜间开工手续作出处罚，并采取措施，消除噪声污染。

【分析】

1. 原因分析

（1）建筑施工单位赶工期，不顾及居民的切身感受。

（2）监管不到位，导致一些施工单位肆意动工。

2. 防范措施

加强监管只是治理的手段，还需有关部门加大对《中华人民共和国环境噪声污染防治法》等法律法规的宣传力度，让群众知法懂法守法。

在日常生活中，每一个市民也要提高自身素质，严格自律。比如驾车时少按喇叭，娱乐时放低音响音量，时时刻刻提醒自己要举止文明。

项目小结

（1）燃烧是可燃物与氧化剂发生的一种氧化放热反应，通常伴有光、烟或火焰。燃烧需要可燃物、助燃物（氧气或空气）、热能（达到燃点）三大要素。物质要发生燃烧，除了三角原理的三要素外，还需要三要素的连锁反应，即燃烧之四面体原理。

（2）根据可燃物的类型和燃烧特性，火灾可分为 A 类固体物质火灾、B 类液体或可熔化的固体物质火灾、C 类气体火灾、D 类金属火灾、E 类带电火灾、F 类烹饪器具内的烹饪物六类（GB/T 4968 — 2008）。

（3）火灾分为特别重大火灾、重大火灾、较大火灾和一般火灾四个等级。

（4）火灾事故发生的原因主要有用火不慎、电气火灾、违章操作、放火、吸烟、玩火和自然原因。

（5）制止火灾发生的基本措施有控制可燃物、隔绝助燃物、消除着火源、阻止火势蔓延。现行灭火方法有窒息法、冷却灭火法、隔离法、抑制连锁反应法。

（6）常用的消防器材有灭火器、消防栓、自动喷淋系统和应急照明灯。

（7）火灾扑救的一般原则是报警早、损失少；边报警，边扑救；先控制，后灭火；先救人，后救物；防中毒，防窒息；听指挥，莫惊慌。

（8）空气污染的来源为生产性污染、生活性污染、交通运输性污染。

（9）空气污染会损害人的呼吸系统，影响动植物的生长，腐蚀物体和建筑物，造成地球温室效应，形成臭氧层空洞，导致海平面上升。

（10）空气污染的防治措施有减少污染物排放量、发展植物净化和利用环境的自净能力。

（11）水污染的原因主要有生活水污染、工业水污染、农业水污染以及空气中污染物质降落造成水污染。

（12）防治水污染，必须加强监测管理，制定法律和控制标准，减少有害物质的排放。同时废水在排放前需经过处理，除去有害物质后，才能放流于环境。

（13）生活饮用水必须满足不得含有病原微生物，所含化学物质和放射性物质不得对人体健康产生危害，不得产生急性或慢性中毒及潜在的远期危害（致癌、致畸、致突变）；必须确保感官性状良好，能被饮用者接受。

（14）根据美国洛杉矶国际医药研究所的研究，成年人每天饮水量的标准是：每千克体重每天应该补充 40mL 水，按这个计算方法，成年人每天需水量在 2000~2500mL。

（15）噪声是指人们不需要的，被人们讨厌的干扰声。

（16）噪声的来源有交通噪声、工地噪声、工业噪声和城市噪声。

（17）噪声防治可以从下列方面着手：来源管制、隔声、消声、吸声和佩戴防护器具。

技能训练

训练一　油盆灭火与常见消防设施的使用

情景设计：突发火灾，利用简易手提式灭火器等消防设施对初期火灾进行处置。

训练二　公共聚集场所火灾自救逃生

情景设计：突发火灾，由于初期火灾处置不当，火势有逐渐猛烈的趋势。相关人员立即结合消防应急预案，开展消防初期火灾扑救和人员紧急疏散工作，并迅速请求外部消防力量支援。

技能训练考核表见表 5–7。

消防技能考核表　　表 5-7

考核项目及分值	考核内容	评分标准	评分记录
准备工作 10 分	（1）准备灭火器、消防栓 （2）检查灭火器、消防栓是否正常 （3）准备毛巾、面罩和挂钩梯	（1）工具设备少一样扣 2 分 （2）未检查扣 5 分	
灭火器的使用 25 分	（1）选择合适的灭火器类型 （2）灭火器的使用方法	（1）灭火器选择错误扣 10 分 （2）灭火器的使用方法不对扣 5~10 分	
消火栓的使用 25 分	（1）灭火栓的使用方法 （2）灭火栓的操作顺序	（1）打开灭火栓们，未按下内部火警按钮扣 10 分 （2）水枪连接方法不对扣 5~10 分 （3）操作顺序不对扣 5~10 分	
逃生演练 30 分	（1）找到消防应急灯 （2）选择正确的逃生路线 （3）沿挂钩梯逃生	（1）未找到消防应急灯扣 5 分 （2）逃生路线选择错误 10 分 （3）沿挂钩梯逃生方法错误扣 5~10 分	
团队合作 10 分	（1）组员分工 （2）组员配合	（1）组员分工不明确扣 5 分 （2）组员配合不默契扣 5 分	
考核时限	全部考核内容应在规定的时间内完成	（1）超时每分钟扣 5 分 （2）超时 5min 即停止记分	

注：没有按照操作流程操作，出现人身伤害或设备严重事故，本项目考核结果为 0 分。

项目评测

一、判断题（对的画"√"，错的画"×"）

1. 燃烧需要可燃物、助燃物、热能三大要素。（　）
2. 在燃烧过程中阻止可燃物的提供，无法灭火。（　）
3. 将不燃性气体朝可燃物倾注，可阻绝氧气与可燃物接触。（　）
4. 泡沫灭火法，可以用于电气火灾。（　）
5. 常用的消防器材有灭火器、消防栓、自动喷淋系统和应急照明灯。（　）
6. 空气污染会使植物枯萎及家畜成群生病、死亡。（　）
7. 大量的二氧化碳排放到空中，使得臭氧层遭到破坏。（　）
8. 农业上过量使用的肥料、农药会流入水源造成水污染。（　）
9. 噪声会使人心情不安，胃液分泌异常，造成消化不良。（　）
10. 消声主要的目的是将声音作隔离，不让声音传递。（　）

二、单项选择题

1. 将氧气自外部加以遮断，阻绝可燃物与空气接触的方法是（　）。

A. 窒息法　B. 冷却法　C. 隔离法　D. 抑制法

2. 开辟防火墙、防火巷、设置防火门，属于（　）。

A. 窒息法　B. 冷却法　C. 隔离法　D. 抑制法

3. 木制品燃烧属于（　）火灾。

A. A 类　B. B 类　C. C 类　D. D 类

4. 大量的氟氯碳化物排放到空中，使得臭氧层遭到破坏，使大量的（　）得以直接照射地面。

A. 紫外线　B. 红外线　C. 超声波　D. 微波

5. 减少空气污染的方法有（　）。

A. 燃烧时供应充分的空气　B. 利用除尘设备

C. 制定各项污染排放标准　D. 以上皆是

6. 可以减少声音反射的是（　）。

A. 隔声　B. 消声　C. 吸声　D. 来源管制

7. 地球现正面临的危机有（　）。

A. 酸雨　　B. 温室效应　　C. 臭氧层破洞　　D. 以上皆是

三、填空题

1. 常用的消防器材有________、________、________和________。

2. 手提式灭火器使用步骤：________、________、________和________。

3. 灭火剂为二氧化碳的灭火器适用于________、________、______和______类火灾。

4. 生活中要减少受空气污染的危害需注意：避免雾天晨练、______、______、别把窗户紧闭、______、补钙、补维 D，多吃豆腐、雪梨等。

5. 合格的桶装（瓶装）水产品标签应清晰标注其产品名称、______、______、地址、______、______、产品标准号等内容。

6. 在噪声场所中工作，应佩戴______、______等个人防护器具，来降低噪声。

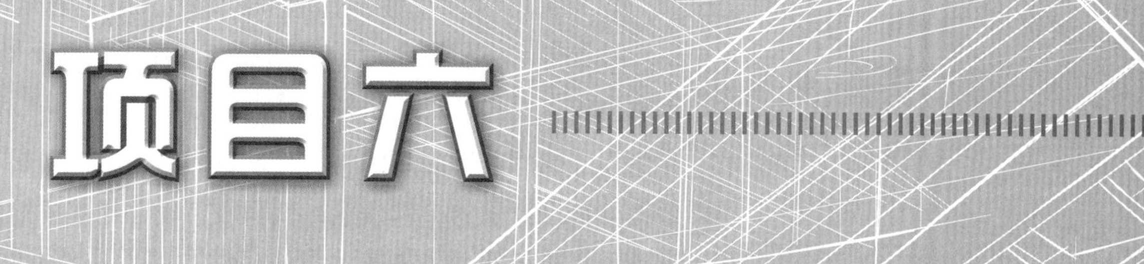

项目六 就业安全与防护

知识目标

完成本项目学习后，你应：

（1）知道就业中面对的安全问题。

（2）知道社会保障内容。

（3）了解社会保障内容和社会保险常识。

技能目标

完成本项目学习后，你应能：

（1）设计防范策略，保障就业安全。

（2）规避就业安全问题。

任务一 就业安全与防护

随着中高职毕业生数量的增加和就业压力的不断增大，毕业生的就业焦虑也越来越高，求职心情非常迫切。许多毕业生为了找到一份满意的工作，遍投简历，广搜信息，只要是符合自己意愿的招聘信息，就积极行动，绝不放过，但这也给不法分子造成了可乘之机。有的不法之徒利用毕业生求职心切的心理，巧设名目，设置陷阱诱使学生求职上当，合法权益受到侵害。

面对这些问题，除了学校要加强安全防护措施外，毕业生自身在求职过程中更要注意提高警惕，增强安全自我防范意识。

【案例】张某是某高校美术专业的毕业生。一天，张某接到朋友周某从广州打来电话，希望他来公司工作。张某来到广州后，周某让他签订了一份合同书，并让他要交押金3000元，承诺如辞职离开公司，押金随时如数退还。张某认为周某与自己是朋友，又有合同和承诺，便拿出3000元交了押金。当天下午，周某就带三人开始岗前“培训”。“培训”主要是讲怎样赚钱，赚钱要不择手段以及“发展下线、金字塔”理论等。经过几天“培训”、“洗脑”后，公司让他“上班”，其实就是打电话、动员蒙骗认识的、想找工作的人来“传销”。

活动一 就业环境中的安全分析

1. 人身安全问题

1)“传销”陷阱深

一些传销组织利用大学生急于求职的心理，精心设计骗局骗人。他们往往把企业包装成一个实业公司，许诺毕业生的工作是“待遇高，工作轻松，发展前景好”。等学生“入套”后，就对学生进行培训“洗脑”，限制学生的人身自由，如图6-1所示。

图6-1 求职中的传销陷阱

学生被非法传销组织所骗受困的原因主要有：一是学生自身防范意识薄弱，轻信他人上当受骗；二是对同学、朋友的介绍过于信任，没想到熟人还会骗自己；三是就业压力过大，择业时放松了必要的警惕，轻信以用人单位身份出现的非法传销公司；四是个别学生存在不劳而获的思想，被非法传销组织宣传的高额回报引诱，甘愿从事非法传销活动。

2）女生危险多

近年来，部分专业的女生就业困难重重。一些女生在谋求就业岗位的时候被骗财骗色，甚至被害身亡。这类单位多强调工作轻松，待遇优厚，小费多，条件为年轻貌美，以高薪、高位诱骗女大学生从事非法活动，如图 6-2 所示。

3）“血汗工厂”黑

2007 年 5 月，山西省的“黑砖窑”事件令国人震惊，一些不法老板、包工头，雇用打手，对普通员工进行残暴的管理，经常殴打员工，如图 6-3 所示。员工辛勤的工作，换来只有低水平的温饱和恶劣的生活环境。其实在社会上绝不只是山西“黑砖窑”这一种形式的“血汗工厂”，在许多地方不同程度地存在着。这类企业主要是一些小型企业，其基本特点就是劳动强度大、劳动时间特别长、待遇特别低、员工没有基本的社保劳保福利，管理者通过暴力手段控制员工。

图 6-2 女生求职陷阱

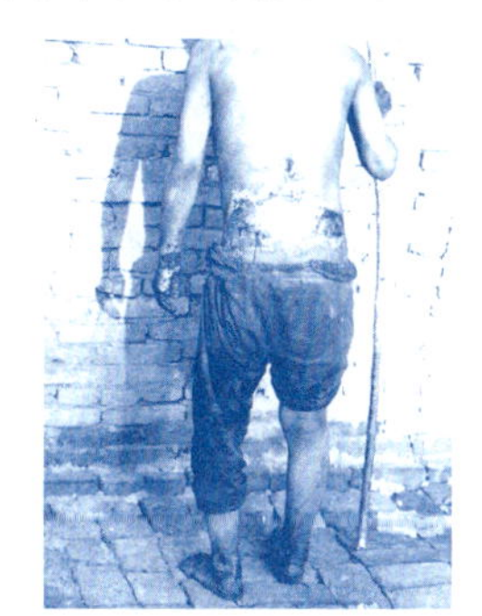

图 6-3 “黑砖窑”阳光下的罪恶

2. 财产安全

1）入职时被骗取“应交费”

以敛财为直接目的的招聘陷阱。如一些招聘公司紧紧抓住毕业生求职心切的心理，利用过时或伪造的证照、合同进行虚假招聘，向毕业生收取各类保证金、培训费、上岗费，随后就音讯全无；也有一些非法职业中介，以介绍工作的名目骗取中介费、资料费、培训费、押金、保证金、报名费、体检费、服装费等，骗取毕业生的钱财，如图 6-4 所示。

【案例】女大学生王某到省会某地做家教时被杀害。由于过分轻信他人，该同学在未经认真核实的情况下，只身去应聘家教，结果遇害。另一相关的案例是：女大学生吴某，根据广告找到一家俱乐部作高级商务公关，在交纳 400 元“制卡费”后，却发现工作是从事色情业。

【案例】韩某，大专毕业生，在人才交流市场，经过初步了解，与某家公司达成就业协议。但韩某了解到，进这家公司，每人要收取 200 元的服装保证金，用于制作工作服，离开公司的时候，200 元可以原封退还。1 个月后，韩某按照公司的约定来到公司的办公地点参加培训，但却发现，该公司和主管人员早已经人去楼空，才知自己已经上当受骗。据了解，在这起诈骗案中，有 150 多名求职者上当受骗，其中大多数都是刚刚毕业的大学生。

【案例】赵某是一名大专生，学的是摄像，在一个电视栏目组到学校招聘时被选中了，当时谈的条件是试用三个月，这期间没有工资，试用合格后，正式聘用，工资为800元加奖金。在那三个月中，赵某没有一个休息日。除了正常工作之外，还要在每个周六、周日和老摄像师们一起去做婚礼录像，做一个婚礼录像，最多给赵某一包烟，吃一顿婚宴。虽然工作如此努力，但是三个月后，赵某还是被“炒”了。制片人的理由是，赵某和节目组的另外一名实习的女生关系暧昧，而在栏目组中是不允许同事之间谈恋爱的。

后来赵某才知道，这个栏目组每三个月进行一次招聘，都是以试用期三个月为名。三个月满后，会以各种理由将试用人员辞退，之后继续招聘。这样，他们就可以免费征用劳动力。

图 6-4　以敛财为直接目的的招聘陷阱

2）试用时被恶意克扣“薪酬”

以征用劳动力为直接目的的招聘陷阱。这是毕业生最难以防备的职场骗局，其中以试用陷阱最为突出。招聘单位利用试用期骗取廉价劳动力，在试用期即将结束时便以各种理由辞退求职者，而不用担负任何法律责任，并再一次以很少的薪水继续招聘同样也不会熬过试用期的新人。周而复始，以此来降低企业运营成本，如图 6–5 所示。

图 6-5　求职遭遇试用陷阱

先试用再签劳动合同的做法本身就是违法的。用工者为了逃避劳动合同的约束和《中华人民共和国劳动法》的制裁而采用的手段，目的就是想使用廉价劳动力。只有签订了正式的劳动（聘用）合同，双方才可约定试用期，而不是在试用期满后签订劳动合同。

3. 劳动合同方面的安全

1）不签劳动合同

《就业协议书》与《劳动合同》存在着不同，《就业协议书》作为一份简单的格式文本，很多诸如工作岗位、工作条件等劳动合同必备条款并不在《就业协议书》中直接体现。因此，单凭《就业协议书》对于学生正式报到就业后的劳动权利无法全面保障，如图 6–6 所示。

2）签署有失公平的合同

在毕业生择业的过程中，由于就业形势比较严峻，大学生在求职过程中往往处于弱势地位，很多用人单位都提出了一些明显的不合理条款，如违约金、服务期等。对于毕业生而言，虽然知道这些附加条款是显失公平的，但也不敢明确表示异议，结果造成各种损失，以后寻求仲裁机构维权也相当被动。

4. 信息安全

毕业生在求职过程中，往往要填写一些表格，其中涉及很多个人信息，尤其是网上求职，要求填写的内容更是事无巨细，从个人电话号码，到家长姓名、家庭住址、家庭电话、父母情况一应俱全，如图 6–7 所示。许多毕业生粗心大意，认真填写，结果给骗子留下了可乘之机。

图 6-6　不签劳动合同劳动权利无法全面保障

图 6-7　网上求职警惕信息安全

活动二　就业环境中的安全防范

就业市场波涛汹涌，应届毕业学生既要敢于激流勇进，又要谨防险滩暗礁。只有在日常的学习生活中积累安全知识，在选择求职信息、投放个人资料、面试、试用等各个环节提高警惕，小心应对，才能够顺利就业。

1. 招聘信息要仔细核查

现在人才市场各类用人信息鱼龙混杂，如能在第一环节鉴别真假，识别虚假信息，就能最有效保证就业人身安全，避免上当受骗引起的资料费、交通费和其他损失。

【案例】应届毕业生王某与某私企达成工作意向，双方签订了《就业协议书》。1个月后，王某毕业，并顺利进入用人单位开始工作。但该企业始终不愿意与王某签订《劳动合同》，得到的答复是：双方在《就业协议书》中并没有明确要求何时签订劳动合同，更何况关于工资、劳动期限等条款在《就业协议书》中已有约定，双方没有必要为此再另行签订《劳动合同》。王某觉得双方确实没有约定什么时候签订劳动合同，而单位不签劳动合同似乎也有道理，就不再向单位提起此事。不料一日忽被裁员，公司没有支付任何赔偿金。王某后悔莫及。

【案例】毛某，是大学毕业生的家长，日前在家中接到一个长途电话，称其儿子在车祸中撞伤，正在医院抢救，急需手术费5万元。毛某闻讯立即拨打儿子手机却怎么也打不通，相信真的出事了。就在此时，一个自称是儿子学校领导的人又打来电话，证实确有其事，并留下一个账号。毛先生连忙筹集了5万元汇过去。几小时后，毛先生终于打通儿子电话，方知上当受骗。

（1）上网或通过其他途径查看，该单位（特别是企业单位、公司）登载的营业项目、报上刊登的项目、面试现场所见三者是否相符。

（2）登录有关部门的网站查看，或与亲友交谈，看看该公司是否被列入黑名单之中。

（3）拨打114查询。一般正规的、有一定规模的、有几年历史的单位都会在114查询功能中查到相关业务电话、办公地址等，对只联系个人移动电话而不留固定办公电话的单位要高度警惕。

（4）登录相关企业的网站核对招聘信息。

（5）承诺待遇高、发展机会多但招聘条件对学历、经验要求反而低的企业慎入；经常在各类就业市场中出现的企业慎入。因为：一种情况可能该企业是和人才中介联手欺骗毕业生的“招聘专业户”，另一种情况可能是这个企业很不规范，没有形成良好的企业文化，没有提供行业基本的福利薪酬，造成员工流动性特别大。

（6）尽量不搜集非门户网站、非就业专业网站、没有工商行政机关备案标记网站的招聘信息，不搜集非主流媒体的平面广告、收门票费的小型个体劳动力市场提供的信息。

2. 报名填写资料留有余地

（1）不要填写过于详尽的资料。

（2）只交证件影印本，不交证件证书原件。将空白部分打叉，或填“无”，在复印件上最好注明“仅供应聘使用”。

（3）个人的联系方式一般提供手机号码和电子邮件，固定电话最好提供负责就业工作的老师或辅导员的办公电话，切记不要提供家庭详细住址、电话。

（4）记录好何时何地向哪家公司投放了简历，何人接受了简历并记录好投放方式，如招聘会现场递交、电子邮件、信件邮寄等。

不要担忧这些举措似乎显得对用人单位不够信任，恰恰相反，经理或者部门领导会从中发现你办事谨慎、成熟的潜质。

3. 面试环节三思后行

（1）前往面试的第一天或职前训练的前几天，先求证该公司是否真实，然后了解公司经营状况、规模、信誉度、员工使用及应聘岗位工作性质等。

（2）面试地点偏僻、隐密或是转换面试地点的状况，或是要求夜间面试者，皆应加倍小心。对于用人单位约定面试的地点，如果不是学校就业指导中心发布的信息，而是从其他渠道获得的信息，用人单位约你到宾馆、酒店或其他非公开、非正式场合见面，绝对不能贸然前往，如图 6–8 所示。

图 6-8　面试不到非正式场合

（3）毕业生单独外出面试时，要告诉同学或辅导员，让同学知道自己的去向及安排。如不能按时回来，应事先电话告知。

（4）面试当天或初进该单位的数天内，求职者即被要求付给该单位一笔钱时，就要特别注意，并可向劳动保障部门投诉，也可到工商部门进行咨询查实。

（5）面试当场不要急于给对方明确的承诺，应告知对方考虑后再回复。可回校征求老师、家长的意见再作决定。

4. 试用合同审慎落笔

毕业生要熟悉《中华人民共和国劳动法》，切实保障自己基本的工作权利、休息权利及其他权利。目前，用人单位应该为员工购买社会养老保险、医疗保险、失业保险、住房公积金、工伤保险金。对于特殊行业，用人单位应该提供必要的劳动安全保护工具，定期进行体检，确保员工身体健康。只有体现以上内容的合同，毕业生才可以签订。特别是特殊行业的劳动保护，毕业生一定要认真对待，要知道工作机会有很多，健康的身体很难失而复得。

遇有表 6–1 所示的合同不要签订。

不能签订的合同　表 6-1

序号	类　型	内　容
1	“生死合同”	在危险性较高的行业，用人单位往往在合同中写上一些逃避责任的条款，典型的如“发生伤亡事故，单位概不负责”
2	“暗箱合同”	这类合同隐瞒工作过程中的职业危害，或者采取欺骗手段剥夺从业人员的合法权利
3	“霸王合同”	有的用人单位与从业人员签订的劳动合同，只强调自身的利益，无视从业人员依法享有的权益，不容许从业人员提出意见，甚至规定“本合同条款由用人单位解释”等
4	“卖身合同”	这类合同要求从业人员无条件听从用人单位安排，用人单位可以任意安排加班加点，强迫劳动，使从业人员完全失去人身自由
5	“双面合同”	一些用人单位在与从业人员签订合同时准备了两份合同，一份合同用来应付有关部门的检查，一份用来约束从业人员

5. 识别并防范传销活动

1）如何识别传销

当前，传销组织往往打着“直销”、“连锁经营”、“电子商务”、“人际网络营销”等旗号从事传销活动。在我国传销属于金融诈骗，它有三个最大的特点，一是以入会费为利润点，二是以高回报为诱饵，三是以金字塔的形式发展下线，图 6–9 所示为传销组织的特点。

图 6-9　传销组织的特点

2）如何防范传销

第一，不要相信天上掉馅饼。传销公司最常用的话是“让你在消费的同时赚钱”，这是“鬼话”，消费就是消费，赚钱就是赚钱。把消费当职业，永远也别想赚钱。

第二，“不见兔子不撒鹰”。所有传销公司都是为了一个字“钱”，你凭什么给他钱，一定想清楚：是他有你需要的产品？还是他有你需要的服务？如果都没有，只是为了他能给你一个事业，那么，你就该你向他要钱了。

第三，商业界有一规矩，那就是一切关系的建立都要签订合同。合同是保证双方平等互利的必要工具。特别是公司与个人发生劳资关系，根据《中华人民共和国劳动合同法》的规定，是一定要签订合同的，正规公司都会主动与你签订合同。如果对方丝毫不谈合同，甚至拒绝签订合同，那他一定不正规，应远离这些公司。

第四，不要感情用事。传销公司一般是熟人找熟人。有句话，叫朋友不言商。这话有一定的道理，不要因朋友感情害了自己。有的人，只要朋友邀请，就什么都不问，不明不白的跟着干，结果是陷入迷局，不能自拔。

第五，审查资质。参加一家公司也好，接受一家公司的推销也好，首先，应了解一家公司的资质和信用。一般可以结合表 6-2 的方式来证实。

审查公司资质的方式 表 6-2

序号	审查方式	序号	审查方式
1	从网上查询	4	要求对方出示开户许可证书
2	从其营业地的工商部门查询	5	要求对方出示税务登记证书和代理授权书
3	要求对方出示营业执照和组织机构代码证书		

在发现自己被骗参与传销活动后，要注意收集和保存汇款账号、汇款凭证、交费收据、介绍人及更高层次上线人员的姓名、电话、互联网账号密码等相关证据线索，及时提供给执法机关，以便及时、准确地打击违法犯罪，保障自身的权益。

6. 遭遇伤害敢于维权

毕业生在就业时遭遇各类伤害时要敢于维权，善于维权。这不仅能够保护自己的合法权益，而且能协助有关部门有效及时地惩处一些不法分子，净化人力资源环境，为自己今后寻求工作和其他人寻求工作提供一个比较安全的人力资源市场。

（1）认真学习有关保障劳动者权益的法律法规，学会保全证据。和用人单位签订的《劳动合同书》及其他协议都是重要证据。如果没有签合同，只要存在事实劳动关系，工资单、员工卡、工作证、押金条、考勤记录、工作量记录等都是有效证据，在日常生活中要注意保留，这样申请劳动仲裁时才能维权。

（2）在遇到劳动侵权现象时，要敢于维权，如图 6–10 所示。主要有两种途径维权：第一，向当地劳动保障监察机构进行投诉，由其进行查处；第二，向当地劳动争议仲裁委员会提出申诉。这两个程序的好处在于按照《劳动争议调解仲裁法》的规定，劳动者申诉不用缴仲裁费；劳动者不直接跟用人单位发生冲突，避免了用人单位的报复；行政执法时间较短，效率较快。如果劳动监察部门不去查处，还可以通过申请法院仲裁，或找政府部门、信访部门投诉。

（3）注意时效性。如劳动争议申请仲裁的时效期间为一年，如图 6–11 所示。仲裁时效期间从当事人知道或者应当知道其权利被侵害之日起计算。因工受伤的职工申请工伤认定是有明确时效规定的，即应当在 1 年内申请，如果超过 1 年将被视为放弃工伤认定的权利。

■ 图 6-10　劳动侵权要敢于维权　　■ 图 6-11　劳动争议申请仲裁时效期间为一年

（4）发现传销行为，应当向传销行为地的工商行政管理机关和公安机关举报。对将他人骗往异地、限制人身自由从事传销的，向传销行为地公安机关举报。

（5）对涉嫌诈骗的企业或中介也可以向公安部门报案。

任务二　社会保障安全与防范

社会保障一词源于英文 Social Security，本意为社会安全。社会保障体制是在政府的管理之下，按照一定的法律和规定，通过国民收入的再分配，以社会保障基金为依托，为保障人民生活而提供物质帮助和服务的社会安全制度。

活动一　社会保障的基本内容识读

社会保障主要包括以下内容。

1. 社会保险

社会保险是国家通过法律手段，多渠道筹集资金，对劳动者在因年老、失业、患病、工伤、生育而减少劳动收入时给予经济补偿，使他们能够享有基本生活保障的一项社会保障制度。社会保险是社会保障体系的基础和核心，在社会保障体系中居主导地位，是实现社会保障的基本纲领。

2. 社会救助

社会救助是国家和社会对因各种原因无法维持最低生活水平的公民给予无偿救助的一项社会保障制度。社会救助是每一个公民应享受的权利，其目的是保障公民享有最低生活水平，如图 6–12 所示。社会救助是基础的、最低层次的社会保障，是社会保障要实现的最低纲领和目标。

3. 社会福利

社会福利是为全体社会成员提供的各种福利性补贴和举办各种福利事业的总称。包括一般的社会福利、职工福利和特殊的社会福利。社会福利是最高层次的社会保障，是社会保障的最高纲领和目标。

4. 社会优抚

社会优抚是指政府和社会对军人等从事特殊工作的人员及其家属予以优待、抚恤和妥善安置的一类社会保障制度，如图 6–13 所示。社会优抚是社会保障的特殊构成部分，属于特殊阶层的社会保障，是社会保障的特殊纲领。社会优抚能安定军心，维护国家安全，促进社会稳定。

图 6-12 社会救助

图 6-13 社会优抚

活动二 社会保险的基本知识识读

社会保险是国家通过立法强制建立的，通过向参保对象征收社会保险费的统筹方式，建立庞大的社会保险基金，使劳动者（参保人）在年老、患病、因工致残、生育、失业或者死亡时，其本人或家属能够从社会获得物质帮助，保障基本生活，从而达到解除劳动者后顾之忧，促进经济发展和保持社会稳定的一种社会保障制度。

社会保险包括养老保险、工伤保险、失业保险、医疗保险、生育保险五个险种，如图 6–14 所示。

图 6-14 社会保险险种

1. 社会保险缴费基数

社会保险缴费基数为职工本人上年度平均工资。社会保险缴费基数有上下限的规定，最低不能低于上年度全市职工月平均工资的 60%；最高不能高于上年度全市职工月平均工资 300%。市职工平均工资每年由市统计局公布。

缴费基数在同一缴费年度内一年一定，中途不作变更。每年 4~6 月，用人单位应根据所在市社会保险经办机构的通知，申报本单位职工新一年度的社会保险缴费基数。

2. 社会保险缴纳比例

基本养老保险、基本医疗保险、失业保险三类社会保险的保险费由用人单位和职工共同缴纳，双方缴纳的比例以当地社会保障部门出具的标准为依据，而剩下的工伤保险、生育保险两类保险，由用人单位缴纳全部保险费，职工无需自行缴纳。表 6-3 为北京市社会保险缴费比例。

北京市社会保险缴费比例一览表　表 6-3

缴纳比例及费用 / 保险类别 / 参保征收对象		养老保险（%）	失业保险（%）	工伤保险（%）	生育保险（%）	基本医疗保险	
						基本医疗（%）	大额互助
本市城镇职工	单位	20	1	核定比例（0.2 ~ 2）	0.8	9	1%
	个人	8	0.2	0	0	2	3 元
外埠城镇职工	单位	20	1	核定比例（0.2 ~ 2）	0.8	9	1%
	个人	8	0.2	0	0	2	3 元
本市农村劳动力	单位	20	1	核定比例（0.2 ~ 2）	0.8	9	1%
	个人	8	0	0	0	2	3 元
外埠农村劳动力	单位	20	1	核定比例（0.2 ~ 2）	0.8	9	1%
	个人	8	0	0	0	2	3 元

3. 社会保险的待遇

1）养老保险

养老保险的享受待遇：累计缴纳养老保险 15 年以上，并达到法定退休年龄，可以享受养老保险待遇。

（1）按月领取按规定计发的基本养老金，直至死亡。基本养老金的计算公式如下：

基本养老金＝基础养老金＋个人账户养老金＋过渡性养老金＝退休前一年全市职工月平均工资 ×20%（缴费年限不满 15 年的按 15%）＋个人账户本息 ÷120 ＋指数化月平均缴费工资 ×1997 年底前缴费年限 ×1.4%。

（2）死亡待遇。包括丧葬费、一次性抚恤费和符合供养条件的直系亲属生活困难补助费，按月发放，直至供养直系亲属死亡。

2）医疗保险

（1）医疗期待遇。职工享受医疗保险待遇，除完全丧失劳动能力者外，只限于规定的医疗期内。医疗期的长度根据职工本人连续工龄和本单位工龄分档次确定，最短不少于 3 个月，最长一般不超过 24 个月；难以治愈的疾病，经医疗机构提出，本人申请，劳动行政部门批准后，可适当延长医疗期，但延长期限最多为 6 个月。

（2）疾病津贴。疾病津贴又称病假工资。职工患病或非因工负伤，停止工作满 1 个月以上的，停发工资，由用人单位按其工龄长短给付相当于本人工资一定比例的疾病津贴，不得低于当地最低工资标准的 80%。

（3）医疗待遇。职工一般可选择在与社会保险经办机构签订医疗保险合同的定点医院就医。其保险待遇项目主要有：规定范围内的药品费用、规定的检查费用和治疗费用、规定标准的住院费用。其中，职工个人账户用于支付小额医疗费用，社会统筹基金用于支付大额医疗费用。此外，职工供养亲属患病治疗时，一般仅就某些项目(如药费、手术费等)的医疗费用给予一定比例(一般为 50%)的医疗补助。

3）失业保险

（1）领取失业保险金。

（2）如果患病或生育，到指定的医院就诊，可以按规定申请 70%的医疗费补贴。每月发放失业保险金的 5% 作为医疗补助金。

（3）失业人员在领取失业保险金期间开办私营企业、从事个体经营或自行组织起来就业的，可以一次性领取剩余期限的失业保险金（加上本次核定后已领取的月份，不能超过 24 个月），作为扶持生产资金，如图 6-15 所示。

（4）失业人员在领取失业保险金期间死亡的，其家属可以申领丧葬补助金、供养直系亲属一次性抚恤金。

（5）女性失业人员在领取失业保险金期间生育，符合国家计划生育规定的，可以申领 3 个月的生育补助金，标准与其领取的失业保险金计发标准相同。

（6）免费接受职业指导、职业培训等就业服务。

图 6-15　失业保险金最多领两年

4）工伤保险

工伤是指职工在工作过程中因工作原因受到事故伤害或者患职业病。根据《工伤保险条例》第十四条和十五条的规定，职工有表 6-4 情形之一的，应当认定为或视同为工伤。

工 伤 认 定 表 6-4

序号	内 容
1	在工作时间和工作场所内，因工作原因受到事故伤害的
2	工作时间前后在工作场所内，从事与工作有关的预备性或者收尾性工作受到事故伤害的
3	在工作时间和工作场所内，因履行工作职责受到暴力等意外伤害的
4	患职业病的
5	因工外出期间，由于工作原因受到伤害或者发生事故下落不明的
6	在上下班途中，受到机动车事故伤害的
7	法律、行政法规规定应当认定为工伤的其他情形
8	在工作时间和工作岗位，突发疾病死亡或者在 48h 之内经抢救无效死亡的
9	在抢险救灾等维护国家利益、公共利益活动中受到伤害的
10	职工原在军队服役，因战、因公负伤致残，已取得革命伤残军人证，到用人单位后旧伤复发的

在合同期内不幸发生工伤，工伤职工、工亡职工亲属依法应当享受的赔偿项目和标准。未参加工伤保险期间用人单位职工发生工伤的，由该用人单位按照《工伤保险条例》规定的工伤保险待遇项目和标准支付费用。表 6-5 为湖南省工伤待遇一览表。

湖南省工伤待遇一览表 表 6-5

工伤保险待遇		项目	标 准	法律依据	基 数	支付渠道
停工留薪期工资待遇	工资	停工接受工伤医疗的工资待遇	原工资福利（按医疗期规定执行，经鉴定最长不超过 24 个月）	《工伤保险条例》第三十三条《湖南省工伤保险条例》第二十三条	本人工资	用人单位
伤残待遇	一次性伤残补助金（经劳动能力鉴定）	一级	27 个月	《工伤保险条例》第三十五、三十六、三十七条	本人工资	工伤保险基金
		二级	25 个月			
		三级	23 个月			
		四级	21 个月			
		五级	18 个月			
		六级	16 个月			
		七级	13 个月			
		八级	11 个月			
		九级	9 个月			
		十级	7 个月			
	伤残津贴	一级	90%	《工伤保险条例》第三十五条《湖南省工伤保险条例》第二十六条	本人工资（伤残津贴低于当地最低工资标准的补足差额）	工伤保险基金按月支付
		二级	85%			
		三级	80%			
		四级	75%			
		五级	70%	《工伤保险条例》第三十六条	本人工资（用人单位难以安排工作的）	用人单位按月支付
		六级	60%			
	生活护理费	一级	60%	《湖南省工伤保险条例》第二十四条	统筹地上年度职工月平均工资（跨统筹地区户籍职工，本人要求解除或者终止劳动关系并一次性享受工伤保险待遇的，护理费可一次性计发 10 年）	工伤保险基金
		二级	50%			
		三级	40%			
		四级	30%			

续上表

<table>
<tr><th colspan="2">工伤保险待遇</th><th>项目</th><th>标　准</th><th>法律依据</th><th>基　数</th><th>支付渠道</th></tr>
<tr><td rowspan="7">死亡待遇</td><td colspan="2">丧葬补助金</td><td>6个月</td><td rowspan="7">《工伤保险条例》第三十九条</td><td>统筹地上年度职工月平均工资</td><td rowspan="7">工伤保险基金</td></tr>
<tr><td colspan="2" rowspan="3">供养亲属抚恤金</td><td>配偶每月40%</td><td rowspan="3">本人工资（核定的各供养亲属的抚恤金之和不应高于因工死亡职工生前的工资）</td></tr>
<tr><td>其他人每月30%</td></tr>
<tr><td>孤老或孤儿再加10%</td></tr>
<tr><td colspan="2">一次性工亡补助金</td><td>上一年度全国城镇居民人均可支配收入的20倍</td><td>上一年度全国城镇居民人均可支配收入</td></tr>
<tr><td rowspan="2">一至四级工伤职工停工留薪期死亡待遇</td><td>丧葬补助金</td><td>6个月</td><td>本人工资</td></tr>
<tr><td>供养亲属抚恤金</td><td>配偶每月40%，其他人每月30%，孤老或孤儿每人每月再加10%</td><td>本人工资</td></tr>
<tr><td rowspan="12">一次性伤残就业补助金及一次性工伤医疗补助金和</td><td rowspan="6">一次伤残就业补助金</td><td>五级</td><td>50个月</td><td rowspan="12">《湖南省工伤保险条例》第二十九条</td><td rowspan="12">本人工资（解除或终止劳动合同后支付），①五、六级的必须是职工本人提出或单位破产关闭。②七至十级的，可由职工本人提出或劳动合同到期自然终止。</td><td rowspan="6">用人单位</td></tr>
<tr><td>六级</td><td>40个月</td></tr>
<tr><td>七级</td><td>25个月</td></tr>
<tr><td>八级</td><td>15个月</td></tr>
<tr><td>九级</td><td>8个月</td></tr>
<tr><td>十级</td><td>4个月</td></tr>
<tr><td rowspan="6">一次性工伤医疗补助金</td><td>五级</td><td>10个月</td><td rowspan="6">工伤保险基金一次性支付</td></tr>
<tr><td>六级</td><td>8个月</td></tr>
<tr><td>七级</td><td>6个月</td></tr>
<tr><td>八级</td><td>4个月</td></tr>
<tr><td>九级</td><td>2个月</td></tr>
<tr><td>十级</td><td>1个月</td></tr>
<tr><td>医疗康复待遇</td><td colspan="6">按医院出具的证明实际所需处理</td></tr>
</table>

5）生育保险

（1）产假。产假指职工女性在分娩前、后所享受的有薪假期。

①怀孕不满4个月引流产的产假15~30天，4个月以上引流产的，产假42天。

②正常生育产假为98天，难产的增加15天，多胞胎生育的，每多生育1个婴儿增加15天，晚育的增加30天，图6-16所示为湖北一女职工的产假天数计算。

（2）生育津贴。生育津贴指职工妇女因生育后离开工作岗位，不再从事有报酬工作以致收入中断，由生育保险基金支付生育津贴，及时给予定期的现金补助，以维护和保障妇女及婴儿的正常生活，如图6-17所示。

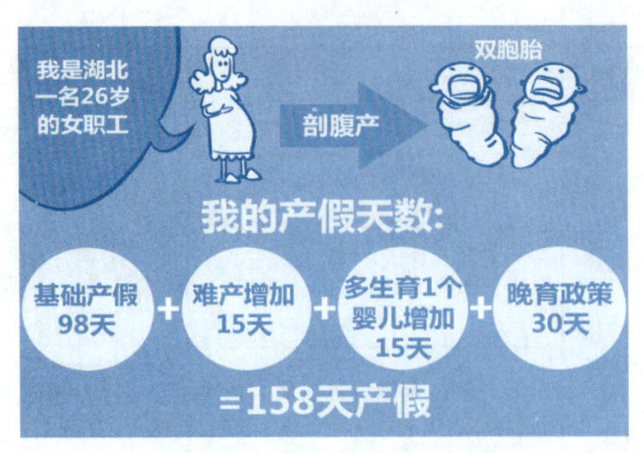

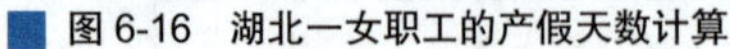
图 6-16　湖北一女职工的产假天数计算

图 6-17　女职工应享受生育津贴

生育津贴的计算公式为：女职工生育前 12 个月的平均月缴费工资 × 产假天数 ÷ 30 天。生育津贴低于本人工资标准的，差额部分由企业补足。

（3）医疗服务。指由医院、开业医生或助产士为职工妇女提供的妊娠、分娩和产后的医疗照顾，以及必须的住院治疗。

符合条件的男职工配偶按生育医疗费标准的 50% 享受生育补助金。

活动三　社会保障相关知识

1. 了解社会保障基本知识

作为单位员工要了解社会保障的基本知识，社会保险基本知识以及相应的《中华人民共和国社会保险法》知识。

2. 知道用人单位应该履行的社会保险义务

用人单位是指招用劳动者进行有组织的劳动，且向劳动者支付工资等劳动报酬的单位。用人单位应该履行的社会保险义务可归纳为四个方面，见表 6–6。

用人单位应该履行的社会保险义务　　表 6-6

序号	内　容	序号	内　容
1	申请办理社会保险登记的义务	3	代扣代缴职工社会保险费的义务
2	申报和缴纳社会保险费的义务	4	向职工告知缴纳社会保险费明细的义务

3. 知道参保人员应享有的权利

个人依法缴纳社会保险费后，享有以下权利，见表 6–7。

参加社会保险的个人享有的权利　表 6-7

序号	内　容
1	有权依法享受社会保险待遇
2	有权监督本单位为其缴费
3	有权向社会保险经办机构查询、核对其缴费和享受社会保险待遇权益记录
4	有权要求社会保险经办机构提供社会保险咨询等相关服务
5	社会保险权益受到损害的，有权依法申请行政复议或者提起行政诉讼

4. 知道个人与用人单位发生社保争议时的处理途径

根据《中华人民共和国社会保险法》第八十三条第三款规定：个人与所在用人单位发生社会保险争议的，可以依法申请调解、仲裁，提起诉讼。用人单位侵害个人社会保险权益的，个人也可以要求社会保险行政部门或者社会保险费征收机构依法处理。

依照《中华人民共和国劳动争议调解仲裁法》的规定：用人单位与劳动者因社会保险发生争议的，当事人不愿意协商、协商不成或者达成和解协议后不履行的，可以向调解组织申请调解；不愿意调解、调解不成或者达成调解协议后不履行的，可以向劳动争议仲裁委员会申请仲裁；对仲裁裁决不服的，可以依法向人民法院提起诉讼。

任务三　典型案例分析

案例一　就业协议有约束，签订协议须谨慎

2013 年，作为北方某名牌高校的一名应届毕业大学生，小峰从激烈的竞争中脱颖而出，被某知名公司录取。此时，小峰发现还有一家发展前景更好的单位也在招聘，于是他匆匆和这家公司签订了《就业协议书》后又应聘了那家更有前景的单位。他认为反正《就业协议书》不是《劳动合同》，对自己没有约束力。

当小峰兴冲冲地跑到原来签订《就业协议书》的公司，请求解除就业协议时，该公司告知小峰，解除就业协议可以，但小峰必须按照《就业协议书》的约定向公司交付违约金。面对不菲的违约金，初出校门的小峰真为自己法律意识的缺乏懊悔不已。

【分析】

《毕业生就业协议书》与《劳动合同》确实不一样。学生签订《毕业生就业协议书》的时候，仍属于在校学生的身份，学生和招聘单位之间的关系还不是《中华人民共和国劳动法》规定的

劳动关系，但这并不意味着《就业协议书》就没有约束力。事实上，作为一般民事协议，《毕业生就业协议书》虽然不受《中华人民共和国劳动法》调整，但却属于《中华人民共和国民法通则》的调整范围，在平等、自愿等基础上建立起来的《毕业生就业协议书》受法律保护，任何一方无正当理由任意违反都要承担相应的违约责任，如图 6-18 所示。

图 6-18 就业协议有约束（1）

因此，大学生在决定签署《就业协议书》前，要认真对待《就业协议书》的约定，特别是其中的违约条款，以免给自己造成损失。

案例二 “实习结束拒签合同”导致追索违约金的风险

王某原系某学院在校学生。2010 年 9 月 16 日，王某、A 公司及某学院签订《实习协议书》，协议约定实习期至 2011 年 6 月 30 日止。王某另承诺于实习结束后与 A 公司签订为期三年的劳动合同，否则将赔偿违约金 18000 元。该协议属格式合同，由 A 公司提供。2011 年 6 月 30 日，王某在 A 公司处办理离职手续，期间王某确认不与 A 公司签订为期三年的劳动合同。后 A 公司起诉要求王某支付违约金 18000 元。

法院审理后认为，三方签订的《实习协议书》是 A 公司提供的格式文本，其中关于王某应于实习结束后与 A 公司签订为期三年的劳动合同，否则应赔偿原告违约金的内容显然加重了王某的责任，排除了王某自主择业的权利，亦违反了民事活动所应遵循的公平原则，该部分内容应属无效。况且，A 公司仅向王某支付每月 1500 元的补贴，却要求王某为其服务三年，否则应承担违约金的约定违反了民事活动应遵循公平、等价有偿的基本原则。

实习结束期间，双方曾就建立劳动关系问题进行磋商，王某对 A 公司提出的工资标准不满意，双方在工资问题上未能达成一致意见，致使未能签订劳动合同。而《实习协议书》中对三年的劳动合同的工资待遇等具体内容未作明确约定，原、被告因工资标准问题意见分歧，由此造成劳动合同未能签订，未能签订劳动合同的原因不能归责于任何一方。法院据此驳回了 A 公司的全部诉讼请求。

【分析】

本案王某之所以胜诉，在于A公司约定违约金与其支付的实习补贴权利义务不对等，对王某显失公平。更为重要的是，合同约定应签订三年期合同，但未明确工资待遇、工作岗位等核心要素，为日后争议埋下伏笔。由于实习协议系A公司提供的格式合同，当条款不明产生争议，根据法律规则应当作出对格式条款提供方不利的解释。

虽然，在实习期间，实习生与用人单位之间存在雇佣关系，双方权利义务受民法、合同法调整，用人单位亦可以就违反实习协议的行为设置违约金，但违约金的支付情形应当明确、具体，特别是上述违约金涉及学生毕业后的自主择业权，故违约金金额应当符合公平合理原则，否则将存在被法院认定无效的风险。如条款无效，用人单位将面临“竹篮打水一场空”的结局。

总之，实习生作为一类尚不符合就业主体资格的群体，用工单位在享受实习用工便利（无需缴纳社保等）的同时，也应履行适度的责任，如提供必要的实习条件和安全健康的实习劳动环境，不安排学生从事高空、井下、放射性、高毒、易燃易爆、国家规定的第四级体力劳动强度以及其他具有安全隐患的实习劳动（示意图见图6-19），依法及时足额支付实习报酬，从而更好地实现在用工方式多元化的同时控制其中风险，最终促进用工关系的和谐稳定。

图6-19 就业协议有约束（2）

案例三 用人单位不得逃避社会保险法定义务

某市一外商投资企业在与员工签订的劳动合同中规定员工领取货币工资，社会保险费包括在工资之中，由员工自行参加社会保险。该市劳动保障监察大队在劳动保障年检中发现这一劳动保障违法行为后，责令该外商独资企业限期办理社会保险登记、申报，补缴社会保险费。

【分析】

该外商投资企业在工资中支付社会保险费的做法违反了社会保险法律法规的规定。根据《社会保险费征缴暂行条例》(1999年1月22日国务院令第259号）的规定，外商投资企业及其职工属于基本养老保险、基本医疗保险和失业保险的征缴范围，外商投资企业应当依法向当地社会保险经办机构办理社会保险登记，申报和缴纳社会保险费。其职工应当缴纳的社会

参加社会保险费，缴纳和代扣代缴社会保险费是缴费单位的法定义务，不得以任何形式逃避。

图 6-20　就业协议有约束（3）

保险费，由企业从其本人工资中代扣代缴。参加社会保险费，缴纳和代扣代缴社会保险费是缴费单位的法定义务，不得以任何形式逃避（示意图见图 6-20）。

对于不依法办理社会保险登记、申报的缴费单位，劳动保障行政部门可以依据《社会保险费征缴暂行条例》等有关法律法规规定责令限期改正；情节严重的，对缴费单位和其有关责任人员处以罚款的行政处罚。对于未依法缴纳和代扣代缴社会保险费的缴费单位，由社会保险征缴机关责令限期缴纳；逾期仍不缴纳的，除补缴欠缴数额外，从欠缴之日起，按日加收千分之二的滞纳金。

案例四　交通事故私了不能享受工伤保险待遇

李某是阳光化工厂采购员，一日李某在外出购买原材料的途中被一交通肇事车辆撞倒，导致腹部大面积软组织挫伤。李某与肇事驾驶员私下商定，由肇事驾驶员赔偿了李某医疗费、误工费、陪护费等共计 5000 元。事后李某并未将这一事件告知厂方，而是提出因身体原因病休两个月，厂方同意了李某的病休申请，并支付其两个月的病休工资。两个月后李某病愈，但是并未上班，而是一纸诉状将化工厂告上法庭，要求进行工伤认定，享受工伤保险待遇，并要求厂方支付李某治疗期间的医疗费等项费用。

法院经审查查明：原告李某故意隐瞒了具体的受伤情节，使被告化工厂无从知道原告在交通事故中发生的伤害，没有及时向当地劳动保障部门提出工伤申请，且李某及其亲属也未在法律规定的期限内提出工伤保险待遇申请。交通肇事的驾驶员已经赔偿了原告的医疗费等项费用。因此，法院根据《企业职工工伤保险试行办法》的有关规定，依法驳回了原告的诉求。

【分析】

本案涉及工伤保险申请时效和交通事故引起的工伤赔偿两个问题。

首先，本案中原告李某故意隐瞒了在工作中因交通事故受伤的情节，使原告化工厂不能获取被告受伤的信息，以至于没有及时向当地劳动保障行政部门提出工伤报告，原告及其亲属也没有在法律规定的期限内向劳动保障部门提出工伤认定申请。根据原劳动部 1996 年发布的《企业职工工伤保险试行办法》（劳部发〔1996〕266 号）第十条的规定，企业应当自工伤事故发生之日或者职业病确诊之日起，15 日内向当地劳动行政部门提出工伤报告。工伤职工或其亲属应当自工伤事故发生之日或者职业病确诊之日起，15 日内向当地劳动行政部门提出工伤保险待遇申请。遇有特殊情况，申请期限可以延长至 30 日。本案中被告化工厂没有在法律规定的 15 日内提出工伤报告，责任在原告，此外原告自己也没有在法律规定的期限内提出申请，因此，原告李某提出的工伤认定申请超过时效，依法被驳回。

其次，本案中李某提出的原告应支付其因工受伤的医疗费用的诉求。经法院审理查明，交通事故发生后，原告李某与肇事驾驶员私下调解，接受了肇事驾驶员给付的5000元医疗费、误工费等费用。根据劳动部1996年发布的《企业职工工伤保险试行办法》（劳部发〔1996〕266号）第28条规定，由于交通事故引起的工伤，应当首先按照《道路交通事故处理办法》及有关规定处理。交通事故赔偿已给付了医疗费、丧葬费、护理费、残疾用具费、误工工资的，企业或者工伤保险经办机构不再支付相应待遇（交通事故赔偿的误工工资相当于工伤津贴）（示意图如图6-21所示），因此人民法院依法驳回原告提出的要求被告支付治疗期间的医疗费等项费用的要求。

图6-21　就业协议有约束（4）

项目小结

（1）学生就业环境中面对的主要安全问题有：人身安全、财产安全、劳动合同安全和信息安全。

（2）学生就业安全防范策略：招聘信息要仔细核查、报名填写资料留有余地、面试环节三思后行、试用合同审慎落笔、识别并防范传销活动、遭遇伤害敢于维权。

（3）不能签订的合同："生死合同"、"暗箱合同"、"霸王合同"、"卖身合同"、"双面合同"。

（4）在遇到劳动侵权现象时，主要有两种途径维权：第一，向当地劳动保障监察机构进行投诉，由其进行查处；第二，向当地劳动争议仲裁委员会提出申诉。

（5）社会保障主要包括以下内容：社会保险 、社会救助、社会福利和社会优抚。

（6）社会保险包括养老保险、工伤保险、失业保险、医疗保险、生育保险等五个险种。

（7）职工与所在单位发生社保争议时，可以依法申请调解、仲裁，提起诉讼。

（8）用人单位侵害劳动者社会保险权益的，劳动者也可以要求社会保险行政部门或者社会保险费征收机构依法处理。

技能训练

训练　就业安全模拟训练

情景设计：在班级召开一次招聘宣讲会，设置就业陷阱，让学生应聘。应聘中看学生能否识破就业陷阱，能否运用就业安全防范策略。

技能训练考核表见表6–8。

就业安全考核表　　表6-8

考核项目及分值	考核内容	评分标准	评分记录
审查招聘信息15分	（1）审查招聘信息 （2）审查途径	（1）未进行招聘信息审查扣10分 （2）审查途径错误扣5分	
填写报名资料15分	（1）填写报名资料 （2）提交相关证件	（1）报名信息填写过于详细扣5分 （2）提交证书原件扣10分	
面试25分	（1）面试时间、地点审查 （2）面试前告诉老师、同学或家人自己的去向及安排 （3）面试现场安全防范	（1）未审查面试时间、地点审查扣5分 （2）未告诉老师、同学或家人自己的去向及安排扣10分 （3）面试当场未考虑就给对方承诺扣10分	
签订试用合同25分	（1）认真审查劳动合同 （2）对劳动合同中的不明条款进行询问 （3）识别不能签订的劳动合同	（1）未审查劳动合同就签字扣10分 （2）未询问劳动合同中的不明条款扣10分 （3）签订了不合法劳动合同扣25分	
维权20分	（1）发现就业陷阱敢于维权 （2）维权途径	（1）发现就业陷阱不敢维权扣20分 （2）维权途径方法错误扣5~10分	
考核时限	全部考核内容应在规定的时间内完成	（1）超时每分钟扣5分 （2）超时5min即停止记分	

注：在本次技能训练中，未识别就业陷阱，本项目考核结果为0分。

项目评测

一、判断题（对的画“√”，错的画“×”）

1. 单凭《就业协议书》对于学生正式报到就业后的劳动权利也能得到全面保障。（　）

2. 单位在与从业人员签订合同时可以签订两份合同，一份合同用来应付有关部门的检查，一份用来约束从业人员。（　）

3. 如果没有签合同，工资单、员工卡、工作证、押金条、考勤记录、工作量记录等能作为有效证据，证明存在事实劳动关系，在申请劳动仲裁时能维权。（　）

4. 劳动争议申请仲裁的时效期间为 1 年。（　）

5. 因工受伤的职工申请工伤认定是有明确时效规定的，即应当在 1 年内申请，如果超过 1 年将被视为放弃工伤认定的权利。（　）

6. 我国的社会保险项目面向全体劳动者。（　）

7. 社会保障是社会的稳定器。（　）

8. 符合条件的男职工配偶按生育医疗费标准的 50% 享受生育补助金。（　）

9. 失业人员在领取失业保险金期间死亡的，其家属可以申领丧葬补助金、供养直系亲属一次性抚恤金。（　）

10. 养老保险的享受待遇累计缴纳养老保险 15 年以上，并达到法定退休年龄，可以享受养老保险待遇。（　）

二、单项选择题

1. 社会保障制度旨在满足人们（　）水平的生活需要。

A. 小康生活需要　　B. 基本生活需要

C. 富裕生活需要　　D. 现代化生活需要

2. 社会保障体系中最核心的保障是（　）项目。

A. 社会救助　　B. 社会福利

C. 社会保险　　D. 社会优抚

3. 按照我国现行社会保险制度的规定，职工个人的缴费工资基数按（　）确定。

A. 本人当月工资　　B. 本单位职工当月平均工资

C. 本人上一年度月平均工资　　D. 本单位职工上一年度月平均工资

4. 个人不用缴纳社会保险费的是（　）。

A. 失业保险　B. 养老保险　C. 工伤保险　D. 医疗保险

三、填空题

1. 学生就业环境中面对的主要安全问题有：______、______、______、劳动合同安全和信息安全。

2. 不能签订的合同："生死合同"、________、________、________、________。

3. 正常生育产假为___天，难产的增加15天，多胞胎生育的，每多生育1个婴儿增加__天，晚育的增加__天。

4. 在遇到劳动侵权现象时，主要有两种途径维权：第一，向当地________进行投诉，由其进行查处；第二，向当地________提出申诉。

5. 失业期间如果患病或生育，到指定的医院就诊，可以按规定申请____%的医疗费补贴。每月发放失业保险金的___%作为医疗补助金。

附录 A

某校园突发事件处理程序及办法

第一章 总则

第一条 为积极预防、妥善处理校园突发事件，保护学生、学校的合法权益，根据《中华人民共和国教育法》、《中华人民共和国未成年人保护法》、《学生伤害事故处理办法》和其他相关法律、行政法规及有关规定，制定本办法。

第二条 在学校实施的教育教学活动或者学校组织的校外活动中，以及在学校负有管理责任的校舍、场地、其他教育教学设施、生活设施内发生的突发事件，适用本办法。

第三条 学校应当提供符合安全标准的校舍、场地、其他教育教学设施和生活设施。

第四条 学校应当对在校学生进行必要的安全教育和自护自救教育；应当按照规定，建立健全安全制度，采取相应的管理措施，预防和消除教育教学环境中存在的安全隐患；当发生伤害事故时，应当及时采取措施救助受伤害师生。

第五条 学校对未成年学生不承担监护职责。学生应当自觉遵守学校的规章制度和纪律，服从学校管理，应当根据自身的年龄、认知能力和法律行为能力，避免和消除相应的危险。

第六条 学校应采取各种措施，尽量避免突发事件的发生。事件发生后，应及时、妥善地处理。

第二章 事故的处理程序及办法

第七条 学生伤害事故处理程序及办法：

（一）学生在课堂（课间）发生伤害事故的，任课教师（班主任）应立即组织将其送至校医室或通知校医前来处理；校医不在或情形比较严重的，应立即向年级部、学生指导处或校领导汇报并视情况送医院急救。

骨折或病情较严重的，须通知 120 急救中心专业人员前来搬运救治。

（二）如需送医院的，相关教师（责任教师、班主任、校医、学生指导处成员）应及时组织送至医院，并及时通知当事人父母或其他监护人到医院看护。

（三）班主任应在第一时间组织当事人和旁观者书写情况说明并留存。

（四）事故发生后，年级部或学生指导处必须及时保护现场，保留证据。

（五）任课教师（班主任）应于当日书写情况说明并报学生指导处留存。

（六）事故发生后，任课教师（班主任）应于当日晚及时电话关心和询问受伤学生康复情况；病情严重的，相关处室应及时组织责任教师或学生家长登门看望与慰问。

（七）伤害事故涉及责任问题及相关费用的，学生指导处应及时向保险公司通报，并做好调查和调解工作；问题严重的或调解不成的，应及时上报校长室协调处理。

（八）有关协议书应及时交档案室留存。

（九）发生重大伤害事故的，学校应及时向上级教育主管部门汇报。

第八条　在学校组织的校外活动中发生意外事故的，带队领导和教师除应及时救护伤者外，还应及时联系公安部门、活动场地与交通工具等的提供者协同处理。

第九条　发生水痘、流行性腮腺炎、急性结膜炎（红眼病）等传染性疾病流行事件，班主任及第一发现人应立即协同校医及时组织救治；病情严重的，要通知家长或亲自将学生送至医院抢救。相关场所（教室，实验、实训室等）应立即停止使用并及时做好消毒工作。学校要及时上报卫生防疫部门和教育主管部门，并切实做好晨检工作。

学生在家患疑似传染病的，班主任需提醒家长及时带孩子去医院感染科就诊，并将会诊结果通知班主任。

学生病愈后，必须持社区医疗机构的痊愈证明书，先到校医室报到，经审核后方可进班上课。

发生食物中毒的，食物需留样待查，并及时上报卫生防疫部门、教育主管部门，视情况报公安部门。

第十条　发生火灾或液化气泄漏、水管爆裂等突发事故，当事人及第一发现人应立即组织灭火或关闭阀门，并及时向后勤服务部门或分管校长汇报。后勤服务部门应立即组织抢修。

情况危急时，班主任和任课教师应按预定路线将学生安全有序地撤离至安全区域。

第十一条　如遇暴雪、冰封天气，门卫及其他后勤管理人员应在学生到校前，及时组织清扫校园内外的道路积雪；班主任、各处室成员及校医应提前到校视察情况，做好安全防护、学生教育、课间巡视等工作。

第十二条　校园施工，应以安全第一为原则。施工单位应使用符合安全规范的仪器设备并做好防护工作；学生指导处应会同年级部和班主任及时做好学生安全教育工作；后勤服务处要加强安全巡视，杜绝校园安全隐患。如突发安全事故，学校应及时联系施工单位并上报上级教育主管部门，必要时还需上报安全监督等部门。对受伤人员的救治程序及办法，同本办法第七条的规定。

第十三条　如遇校外人员冲击学校正常教学秩序，门卫及在现场的教工应及时做好疏导劝解工作；情况严重的，应立即向学校汇报或向公安部门报案；必要时，要进行现场摄像和拍照。情形严重或造成重大后果的，学校应及时向教育主管部门和公安部门汇报。

第十四条　其他突发事件的处理，本着及时、有效、规范的原则，认真处理。

第三章　事故责任者的处理及损害的赔偿

第十五条　发生校园意外事故，且学校负有责任且情节严重的，对学校的直接负责的主管人员和其他直接责任人员，分别给予相应的行政处分；有关责任人的行为触犯刑律的，学校积极配合司法机关调查处理。

第十六条　违反学校纪律，对造成学生伤害事故负有责任的学生，学校应给予相应的处分；触犯刑律的，由司法机关依法追究刑事责任。

第十七条　对发生学生伤害事故负有责任的组织或者个人，应当按照法律法规的有关规定，承担相应的损害赔偿责任。

第十八条　因教师或者学校其他工作人员在履行职务中的故意或者过失造成的学生伤害事故，学校可以向有关责任人员追究赔偿责任，并给予适当的处理。

第十九条　对于因不及时处理而造成重大影响的，学校将给予相关责任人适当的处理。

第二十条　未成年学生对学生伤害事故负有责任的，由其监护人依法承担相应的赔偿责任。

第二十一条　学校对学生伤害事故负有责任的，根据责任大小，适当予以经济赔偿，但不承担解决户口、住房、就业等与救助受伤害师生、赔偿相应经济损失无直接关系的其他事项。

第四章　附则

第二十二条　本办法中的“校园意外事故直接责任人”是指：

（一）因玩忽职守，致使事故发生在课堂（含实验课及在室外进行的有关课程）的，该课程任课教师为第一责任人。

（二）因玩忽职守，致使事故发生在专用教室，实验、实训室，图书馆，库房的，该专用教室等管理人员为第一责任人。

（三）电路安全，电工是第一责任人。

第二十三条　以上条文如与有关法律法规相悖，以国家法律法规为准。

第二十四条　本办法已于 ×× 年 ×× 月经职工代表大会讨论批准后实施。

附录 B

我国工业安全法律法规

工业安全不仅关系着劳动者最基本的生存权与工作权的保障，也关系着人力资源的维护、社会的安定及经济的发展。而其有效的执行管理，有赖劳工政策的制定和各种法律法规的实施。

一、劳工政策

对于劳工各方面的需要所提出的主张，一般都可以称为劳工政策。劳工政策的目标，在保护劳工权益，并促进劳资合作，调节劳力供需，增进劳动效能，加强国际劳工联系，以确保社会安全，适应国防民生的需要。劳工政策是工业社会的产物，随着经济发展和社会的变迁，会影响劳工需求，于是劳工政策便随时代需要而不断进展。现阶段的劳工政策主要有：

1. 有准备的劳动力

主张以劳动升级来带动产业升级，藉由人力规划、技职教育及企业在职训练的密切结合，朝向弹性化与多样化，重新建构职训体系与就业服务整合。

2. 安全的工作环境

经济发展须以劳工安全与卫生为前提和策略，透过安全与卫生教育，及改善工作环境来避免职工伤亡，保障劳工生命安全。

3. 人性化的劳动条件

建立以劳资为主体的协商体制，通过劳资协商进行退休金的改制、女性劳动者的保障、劳资争议的降低，逐步促成劳动条件的公平与进步。

二、工业安全法律法规

工业安全法律法规是指调整在生产过程中产生的同劳动者或生产人员的安全与健康，以及生产资料和社会财富安全保障有关的各种社会关系的法律规范的总和。

我国最早的劳动安全和安全生产相关的法规，是 1922 年 5 月 1 日在广州召开的第一次劳动大会提出的《劳动法大纲》，其主要内容要求资本家合理地规定工时、工资及劳动保护等。随着我国工业的发展，我国相继制定和颁布了安全生产方面的法律法规三十余部，已初步形成一个以宪法为依据的，由有关法律、行政法规、地方性法规和有关行政规章、技术标准所组成的综合体系，如图 B-1 所示。

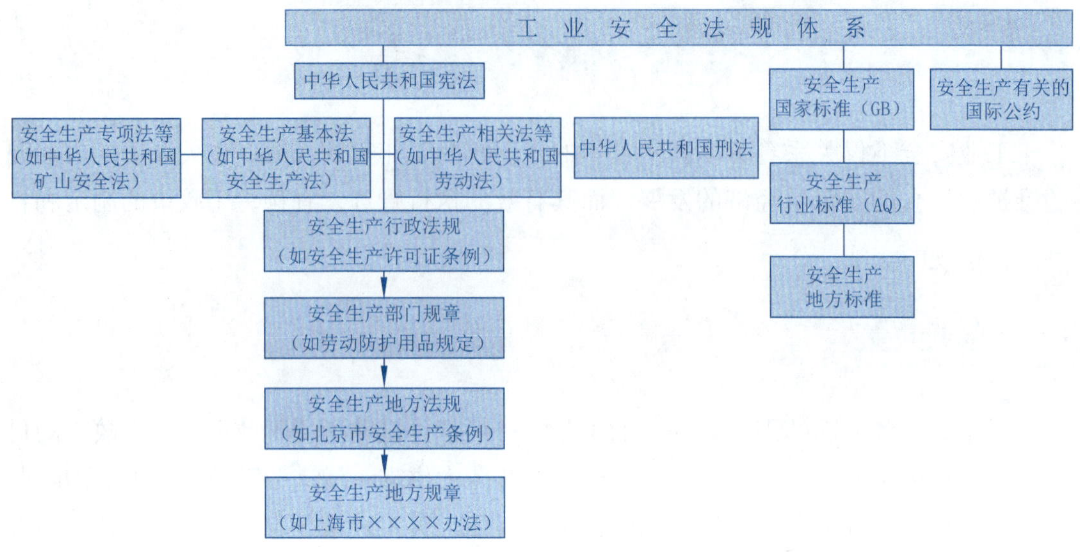

图 B-1　我国工业安全法规体系

1. 工业安全法规

与工业安全有关的法律法规中，表 B-1 为比较重要的工业安全法规。

工业安全法规　　表 B-1

类别	名　称	标准号	实施日期	适用条款
法律类	中华人民共和国劳动法	中华人民共和国主席令第 28 号	1995 年 1 月 1 日	第 52~56、68 条
	中华人民共和国安全生产法	中华人民共和国主席令第 13 号	2014 年 12 月 1 日	第 3~7、17~24、28~33、36~39、42、45~51、69~70、75 条
	中华人民共和国消防法（2008 版）	中华人民共和国主席令第 6 号	2009 年 5 月 1 日	第 5、16~19、21、28、44 条
	中华人民共和国道路交通安全法	中华人民共和国主席令第 81 号	2011 年 5 月 1 日	第 2、3、6~74 条
	中华人民共和国职业病防治法	中华人民共和国主席令第 60 号	2011 年 12 月 31 日	第 3~5、12、13、16、19~29、31~38、45、52~53 条
法规标准规程类	安全生产许可证条例	国发〔2004〕397 号	2004 年 1 月 13 日	第 1、3、6、7、9、13、14、17 条
	劳动保障监察条例	国发〔2004〕423 号	2004 年 12 月 1 日	第 1、6、7、9、21 条
	生产安全事故报告和调查处理条例	国发〔2007〕493 号	2007 年 6 月 1 日	第 1~9、14、16、26、33、35~38 条
	生产过程安全卫生要求总则	GB/T 12801—2008	2009 年 10 月 1 日	全部
	危险化学品安全管理条例	国务院令第 591 号	2009 年 6 月 2 日	第 3~6、12~14、17、18、47、48、50、51、53、56~58、61、63、69、70 条
	爆炸危险场所安全规定	劳部发〔1995〕56 号	1995 年 1 月 22 日	条 1~19、22~35 条
	劳动防护用品监督管理规定	国家安全生产监督管理总局令第 1 号	2005 年 9 月 1 日	第 1~4、14~19、23、24 条

2. 重要法规摘要

《中华人民共和国安全生产法》是为了加强安全生产监督管理，防止和减少生产安全事故，保障人民群众生命和财产安全，促进经济发展而制定。以下为《中华人民共和国安全生产法》中的一些重要条款。

第二章　生产经营单位的安全生产保障

第十七条　生产经营单位应当具备本法和有关法律、行政法规和国家标准或者行业标准规定的安全生产条件；不具备安全生产条件的，不得从事生产经营活动。

第十八条　生产经营单位的主要负责人对本单位安全生产工作负有下列职责：

（一）建立、健全本单位安全生产责任制；

（二）组织制定本单位安全生产规章制度和操作规程；

（三）组织制定并实施本单位安全生产教育和培训计划；

（四）保证本单位安全生产投入的有效实施；

（五）督促、检查本单位的安全生产工作，及时消除生产安全事故隐患；

（六）组织制定并实施本单位的生产安全事故应急救援预案；

（七）及时、如实报告生产安全事故。

第十九条　生产经营单位的安全生产责任制应当明确各岗位的责任人员、责任范围和考核标准等内容。

生产经营单位应当建立相应的机制，加强对安全生产责任制落实情况的监督考核，保证安全生产责任制的落实。

第二十六条　生产经营单位采用新工艺、新技术、新材料或者使用新设备，必须了解、掌握其安全技术特性，采取有效的安全防护措施，并对从业人员进行专门的安全生产教育和培训。

第二十七条　生产经营单位的特种作业人员必须按照国家有关规定经专门的安全作业培训，取得相应资格，方可上岗作业。

特种作业人员的范围由国务院安全生产监督管理部门会同国务院有关部门确定。

第四十二条　生产经营单位必须为从业人员提供符合国家标准或者行业标准的劳动防护用品，并监督、教育从业人员按照使用规则佩戴、使用。

第四十七条　生产经营单位发生生产安全事故时，单位的主要负责人应当立即组织抢救，并不得在事故调查处理期间擅离职守。

第四十八条　生产经营单位必须依法参加工伤保险，为从业人员缴纳保险费。国家鼓励生产经营单位投保安全生产责任保险。

第三章 从业人员的权利和义务

第五十条 生产经营单位的从业人员有权了解其作业场所和工作岗位存在的危险因素、防范措施及事故应急措施，有权对本单位的安全生产工作提出建议。

第五十一条 从业人员有权对本单位安全生产工作中存在的问题提出批评、检举、控告；有权拒绝违章指挥和强令冒险作业。

生产经营单位不得因从业人员对本单位安全生产工作提出批评、检举、控告或者拒绝违章指挥、强令冒险作业而降低其工资、福利等待遇或者解除与其订立的劳动合同。

第五十二条 从业人员发现直接危及人身安全的紧急情况时，有权停止作业或者在采取可能的应急措施后撤离作业场所。

生产经营单位不得因从业人员在紧急情况下停止作业或者采取紧急撤离措施而降低其工资、福利等待遇或者解除与其订立的劳动合同。

第五十三条 因生产安全事故受到损害的从业人员，除依法享有工伤保险外，依照有关民事法律尚有获得赔偿的权利的，有权向本单位提出赔偿要求。

第五十四条 从业人员在作业过程中，应当严格遵守本单位的安全生产规章制度和操作规程，服从管理，正确佩戴和使用劳动防护用品。

第五十五条 从业人员应当接受安全生产教育和培训，掌握本职工作所需的安全生产知识，提高安全生产技能，增强事故预防和应急处理能力。

第五十六条 从业人员发现事故隐患或者其他不安全因素，应当立即向现场安全生产管理人员或者本单位负责人报告；接到报告的人员应当及时予以处理。

三、工业安全的最新趋势

目前许多世界工业先进国家，已开始进行职业安全与卫生管理制度的制定，并有专家建议国际标准化组织（ISO）着手制定相关国际标准。

英国标准协会已公布《BS 8800：职业安全与卫生管理制度指南》，提出如何由其现有的安全与卫生管理架构，以及由 ISO 14000 管理架构，发展一个健全的安全卫生管理制度。澳大利亚标准局公布了营造业的职业安全卫生与管理制度标准，目前正进行一般性的安全与卫生管理制度标准的制定。美国工业卫生协会业已出版《职业安全与卫生管理制度：美国工业卫生协会指引文件》。

国际职业安全卫生管理制度一旦制定，势必对以外销为主的我国工业界造成相当大的冲击，国内相关政府机构及事业单位应密切注意此国际发展趋势。

附录 C

单位用工、职工就业法律法规

单位用工、职工就业法律法规明确用工单位和职工的权利与义务，对用工单位进一步加强企业内部管理，增强劳动纪律，规范劳动者的行为，稳定职工队伍以及切实维护双方合法权益具有十分重要的作用。

一、单位用工、职工就业法律法规

单位用工、职工就业法律法规主要有《中华人民共和国就业促进法》、《中华人民共和国劳动法》、《中华人民共和国劳动合同法》、《工资支付暂行规定》、《关于工资总额组成的规定》、《职工带薪年休假条例》、《全国年节及纪念日放假办法》、《工伤保险条例》、《中华人民共和国社会保险法》、《中华人民共和国劳动争议调解仲裁法》、《女职工劳动保护特别规定》等。

由于关于就业的法规数量众多，又频频变化，不能给出一个统一的文件，不利于查找，表 C–1 为就业中遇到的工资报酬、工作时间、劳工合同等内容应符合的法律法规。

单位用工、职工就业法律法规　　表 C-1

序号	项目		法规名称	适用条款	发布日期
1	童工	禁止使用童工	《中华人民共和国劳动法》	第 15 条	2009 年
			《禁止使用童工规定》	第 2、3、4、6、8、10、11 条	2002 年
			《中华人民共和国刑法》	第 224 条	2014 年
		未成年工禁忌劳动的范围	《中华人民共和国劳动法》	第 64 条	2009 年
			《未成年工特殊保护规定》	第 3、4 条	1994 年
		未成年工定期健康检查	《中华人民共和国劳动法》	第 65 条	2009 年
			《未成年工特殊保护规定》	第 6、7、8 条	1994 年
		未成年工登记制度	《未成年工特殊保护规定》	第 9、10 条	1994 年

续上表

序号	项目		法规名称	适用条款	发布日期
2	强迫劳动	强迫劳动	《中华人民共和国劳动法》	第96条	2009年
			《中华人民共和国刑法》	第244条	2014年
3	结社自由和集体谈判	结社自由和集体谈判	《中华人民共和国宪法》	第35条	2004年
			《中华人民共和国劳动法》	第7、8、33、34、35条	2009年
			《中华人民共和国工会法》	第3、6、20、22、23、24、25、26、50、52条	2001年
			《中国工会章程（修正案）》	第1、3、25、26、27、28条	2013年
4	歧视	歧视	《中华人民共和国宪法》	第4、36、48条	2004年
			《中华人民共和国劳动法》	第12、13条	2009年
5	奖惩措施	奖惩措施	《中华人民共和国劳动法》	第6条	2009年
6	工作时间	标准工作日	《中华人民共和国劳动法》	第36条	2009年
			《国务院关于职工工作时间的规定》	第3、5、6、7条	1995年
		计件工作日	《中华人民共和国劳动法》	第37条	2009年
		综合计算工时制	《中华人民共和国劳动法》	第37条	2009年
			《关于企业实行不定时工作制和综合计算工时工作制的审批办法》	第5、6条	1994年
		不定时工作制	《关于企业实行不定时工作制和综合计算工时工作制的审批办法》	第4条	1994年
		延长工作时间及其报酬	《中华人民共和国劳动法》	第41、43、44条	2009年
		休息休假	《中华人民共和国劳动法》	第38、40、45条	2009年
			《全国年节及纪念日放假办法》	第2、3、4、5、6条	2013年
			《国务院关于职工探亲待遇的规定》	第2、3、4条	1981年
7	工资报酬	最低工资	《中华人民共和国劳动法》	第48条	2004年
		工资支付	《中华人民共和国劳动法》	第50、51条	2004年
		特殊情况下的工资	《工资支付暂行规定》	第12、15、16条	1994年
		社会保险	《中华人民共和国劳动法》	第70、72条	2009年
			《关于企业职工养老保险制度改革的决定》	第11条	1991年
			《国务院关于建立城镇职工基本医疗保险制度的决定》	第2条	1998年
			《工伤保险条例》	第2、4、10条	2010年
			《失业保险条例》	第2、6条	1999年
			《企业职工生育保险试行办法》	第2、3条	1994年
		带薪年假	《职工带薪年休假条例》	全部	2008年

续上表

序号	项目		法规名称	适用条款	发布日期
8	劳动合同	劳动合同拟定的法律规定	《中华人民共和国劳动法》	第16、17、19、21、32、33、35条	2009年
			《中华人民共和国劳动合同法》	全部	2012年
		劳动合同的解除及终止的法律规定	《中华人民共和国劳动法》	第24、25、26、28、29、32条	2009年

二、重要法规摘要

1. 中华人民共和国劳动法

《中华人民共和国劳动法》是为了保护劳动者的合法权益，调整劳动关系，建立和维护适应社会主义市场经济的劳动制度，促进经济发展和社会进步，根据宪法，制定本法。

《中华人民共和国劳动法》内容主要包括：劳动者的主要权利和义务；劳动就业方针政策及录用职工的规定；劳动合同的订立、变更与解除程序的规定；集体合同的签订与执行办法；工作时间与休息时间制度；劳动报酬制度；劳动卫生和安全技术规程等。以下为《中华人民共和国劳动法》中对工资的规定。

第四十六条 工资分配应当遵循按劳分配原则，实行同工同酬。工资水平在经济发展的基础上逐步提高。国家对工资总量实行宏观调控。

第四十七条 用人单位根据本单位的生产经营特点和经济效益，依法自主确定本单位的工资分配方式和工资水平。

第四十八条 国家实行最低工资保障制度。最低工资的具体标准由省、自治区、直辖市人民政府规定，报国务院备案。

用人单位支付劳动者的工资不得低于当地最低工资标准。

第四十九条 确定和调整最低工资标准应当综合参考下列因素：

（一）劳动者本人及平均赡养人口的最低生活费用；

（二）社会平均工资水平；

（三）劳动生产率；

（四）就业状况；

（五）地区之间经济发展水平的差异。

第五十条 工资应当以货币形式按月支付给劳动者本人。不得克扣或者无故拖欠劳动者的工资。

第五十一条 劳动者在法定休假日和婚丧假期间以及依法参加社会活动期间，用人单位应当依法支付工资。

2. 中华人民共和国劳动合同法

《中华人民共和国劳动合同法》是为了完善劳动合同制度，明确劳动合同双方当事人的权利和义务，保护劳动者的合法权益，构建和发展和谐稳定的劳动关系，制定本法。

《中华人民共和国劳动合同法》内容包括：总则、劳动合同的订立、劳动合同的履行和变更、劳动合同的解除和终止、特别规定、监督检查、法律责任和附则。以下为《中华人民共和国劳动合同法》中对劳动合同的订立规定。

第七条 用人单位自用工之日起即与劳动者建立劳动关系。用人单位应当建立职工名册备查。

第八条 用人单位招用劳动者时，应当如实告知劳动者工作内容、工作条件、工作地点、职业危害、安全生产状况、劳动报酬，以及劳动者要求了解的其他情况；用人单位有权了解劳动者与劳动合同直接相关的基本情况，劳动者应当如实说明。

第九条 用人单位招用劳动者，不得扣押劳动者的居民身份证和其他证件，不得要求劳动者提供担保或者以其他名义向劳动者收取财物。

第十条 建立劳动关系，应当订立书面劳动合同。已建立劳动关系，未同时订立书面劳动合同的，应当自用工之日起一个月内订立书面劳动合同。用人单位与劳动者在用工前订立劳动合同的，劳动关系自用工之日起建立。

第十一条 用人单位未在用工的同时订立书面劳动合同，与劳动者约定的劳动报酬不明确的，新招用的劳动者的劳动报酬按照集体合同规定的标准执行；没有集体合同或者集体合同未规定的，实行同工同酬。

第十六条 劳动合同由用人单位与劳动者协商一致，并经用人单位与劳动者在劳动合同文本上签字或者盖章生效。劳动合同文本由用人单位和劳动者各执一份。

第十七条 劳动合同应当具备以下条款：

（一）用人单位的名称、住所和法定代表人或者主要负责人；

（二）劳动者的姓名、住址和居民身份证或者其他有效身份证件号码；

（三）劳动合同期限；

（四）工作内容和工作地点；

（五）工作时间和休息休假；

（六）劳动报酬；

（七）社会保险；

（八）劳动保护、劳动条件和职业危害防护；

（九）法律、法规规定应当纳入劳动合同的其他事项。

劳动合同除前款规定的必备条款外，用人单位与劳动者可以约定试用期、培训、保守秘密、补充保险和福利待遇等其他事项。

第十九条 劳动合同期限三个月以上不满一年的，试用期不得超过一个月；劳动合同期限一年以上不满三年的，试用期不得超过二个月；三年以上固定期限和无固定期限的劳动合同，试用期不得超过六个月。同一用人单位与同一劳动者只能约定一次试用期。以完成一定工作任务为期限的劳动合同或者劳动合同期限不满三个月的，不得约定试用期。试用期包含在劳动合同期限内。劳动合同仅约定试用期的，试用期不成立，该期限为劳动合同期限。

第二十六条 下列劳动合同无效或者部分无效：

（一）以欺诈、胁迫的手段或者乘人之危，使对方在违背真实意思的情况下订立或者变更劳动合同的；

（二）用人单位免除自己的法定责任、排除劳动者权利的；

（三）违反法律、行政法规强制性规定的。

对劳动合同的无效或者部分无效有争议的，由劳动争议仲裁机构或者人民法院确认。

第二十七条 劳动合同部分无效，不影响其他部分效力的，其他部分仍然有效。

第二十八条 劳动合同被确认无效，劳动者已付出劳动的，用人单位应当向劳动者支付劳动报酬。劳动报酬的数额，参照本单位相同或者相近岗位劳动者的劳动报酬确定。

附录 D

个人防护用具

工厂的员工、操作员时时暴露在危险的环境中，再加上不安全的动作，极易造成职业伤害。依据劳动保障局职业灾害统计数据显示员工受伤的部位，头部约占 10 %，手部约占 13 %、手指约占 13 %、足部约占 14 %，图 D-1 为职业灾害受伤部位分析。而这些灾害的防止，除优先检讨工作环境、实行安全的设备外，最后的预防方法，还是要通过合格有效的安全防护用具的提供、使用及管理，来达到防护的要求。

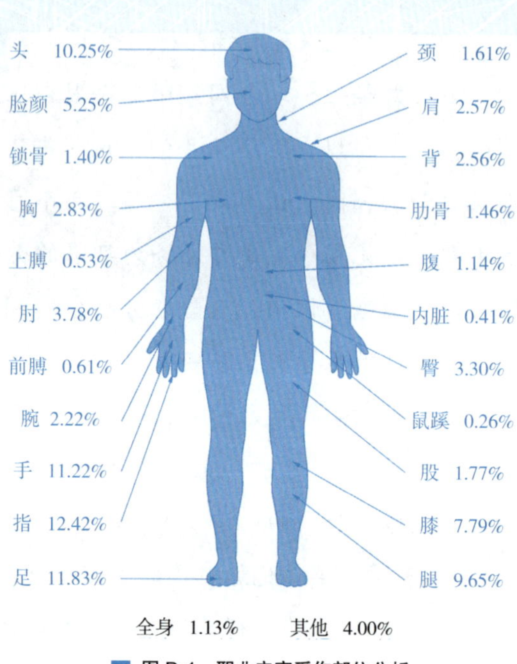

图 D-1 职业灾害受伤部位分析

一、个人防护用具的分类

个人防护用具是劳动者在生产过程中为免遭或减轻事故伤害和职业危害，个人随身穿（佩）戴的用品，国际上称为 PPE（Personal Protective Equipment）。从劳动卫生学角度，PPE 按照防护部位不同，将个人防护用具分类如下（表 D-1）。

个人防护用具的分类　　表 D-1

序号	防护部位	可能遭受之意外伤害	防护器具
1	头部	振荡、撞击、触电	安全帽
2	脸部	辐射、飞屑、灼伤	面罩
3	眼部	辐射、灼伤、外物	护目镜
4	手部	灼伤、刺伤、腐蚀、触电	防护手套
5	足部	灼伤、压伤、刺伤、腐蚀、触电	安全鞋
6	身体躯干	灼伤、压伤、刺伤、腐蚀、触电	防护服
7	整体	坠落	安全带

二、PPE的使用与维护

个人防护用具必须要依照作业环境、防护目的及需要性来作正确的选择。选择时

PPE必须具有生产许可证、产品合格证、安全鉴定证，并符合国家相关标准。使用前必须详读说明书，并请指导员指导正确的使用方法。

1. 头部防护用具

安全帽是防止冲击物伤害头部的防护用品，由帽壳、帽衬、下颏带和后箍组成，见图D–2。帽壳呈半球形，坚固、光滑并有一定弹性，打击物的冲击和穿刺动能主要由帽壳承受。帽壳和帽衬之间留有一定空间，可缓冲、分散瞬时冲击力，从而避免或减轻对头部的直接伤害。

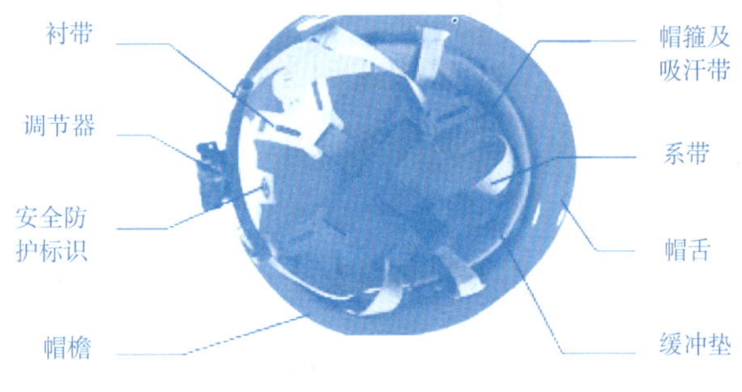

图D-2　安全帽的组成

安全帽按用途分有一般作业类（Y类）安全帽和特殊作业类（T类）安全帽两大类，表D–2为安全帽的类型。

安全帽的类型　　表D-2

类别		使用场所	实物
Y（一般作业）		一般	
T（特殊作业）	T1	适用于有火源的作业场所	
	T2	适用于井下、隧道、地下工程、采伐等作业场所	
	T3	适用于易燃易爆作业场所	
	T4（绝缘）	适用于带电作业场所	
	T4（低温）	适用于低温作业场所	

安全帽的选用、使用及维护注意事项见表D–3。

安全帽的选用、使用及维护注意事项　　表 D-3

序　号	注 意 事 项
1	选用经过测试合格并符合国家标准 GB 2811—2007 的安全帽
2	安全帽应具备配戴舒适性佳、隔绝太阳辐射热、吸收冲击、具防雨的功能
3	不可因安全帽过重、散热不佳、妨碍劳工工作等理由，不愿意配戴安全帽
4	戴用间隙应调整在 25～35cm，帽带应确实结紧
5	使用后应清拭帽上油污，并检视是否有裂痕，并放置于干燥处
6	安全帽的使用期：从产品制造完成之日计算，植物枝条编织帽不超过两年，塑料帽、纸胶帽不超过两年半，玻璃钢（维纶钢）橡胶帽不超过三年半

2. 眼面部防护用具

工作中为了预防烟雾、尘粒、金属火花和飞屑、热、电磁辐射、激光、化学飞溅等伤害眼睛或面部，员工必须佩戴眼面部防护用具。

1）一般安全眼镜

适用于防止飞粒或飞片等击伤用的一般安全眼镜，如图 D-3 所示。

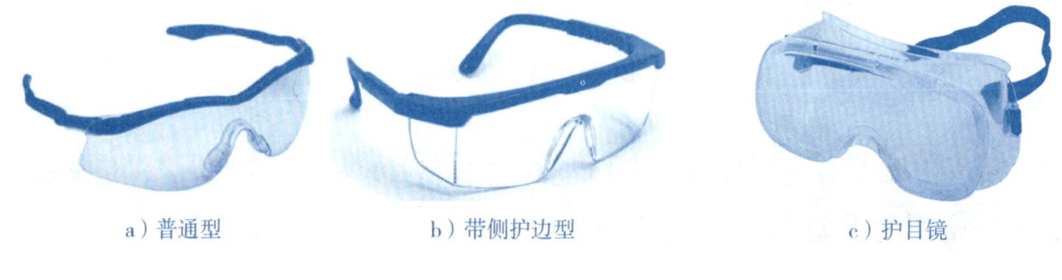

a）普通型　b）带侧护边型　c）护目镜

图 D-3　一般安全眼镜

2）防辐射安全眼镜

适用于保护眼睛避免受到紫外线、红外线等辐射线的伤害，如图 D-4 所示。

a）普通型　b）带侧护边型　c）护目镜

图 D-4　防辐射安全眼镜

3）焊接防护面罩

适用于保护眼睛避免受到紫外线、红外线及熔接光热引起的灼伤，以及保护头部、脸部及颈部避免受高温熔屑所溅伤，如图 D-5 所示。

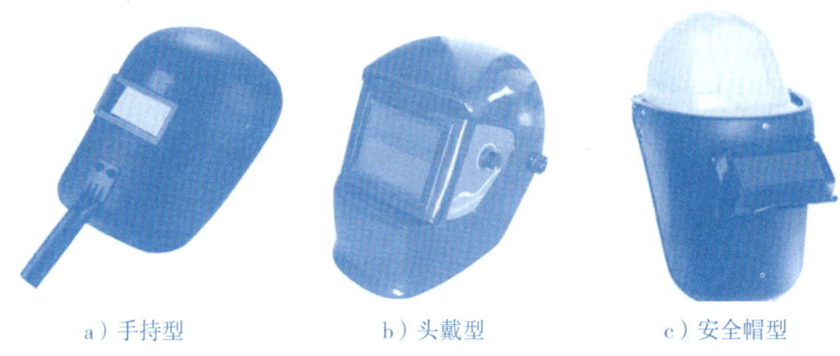

图 D-5　焊接防护面罩

防护眼镜与面罩的选择、使用及维护注意事项见表 D-4：

防护眼镜与面罩的选择、使用及维护的注意事项　　表 D-4

序　号	注 意 事 项	序　号	注 意 事 项
1	按工作类型选用适当的防护眼镜或面罩	4	已经破裂、磨损的镜片、眼镜、面罩不得使用
2	使用符合国家标准的防护眼镜或面罩	5	使用前及使用后，必须清拭干净，收藏于阴凉处
3	防护眼镜或面罩内应有足够空间供近视者配戴眼镜		

3. 手部与足部防护用具

1）手部防护用具

手部防护用具为防护手套。防护手套依用途分为：防切割、防振、防辐射、防感电、防熔融热金属、防热与火或冷危害、防酸、碱、防矿植物油、防有机溶剂等化学物质，图 D-6 所示为不同作用的防护手套。

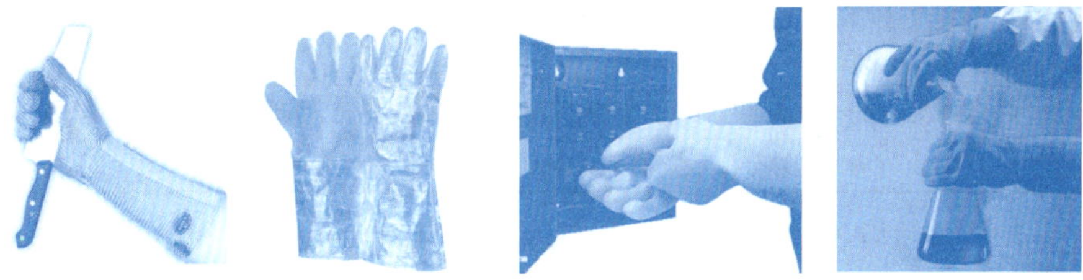

图 D-6　防护手套

防护手套的选用、使用及维护注意事项见表 D-5。

防护手套的选用、使用及维护注意事项　　表 D-5

序　号	注 意 事 项	
1	适用性	防护手套需根据用途来选用
2	无毒性	手套的 pH 值应尽可能接近中性，其本身不应产生任何危害
3	完整性	防护手套包括接缝处，应有完整的结构，且不影响手套的性能
4	舒适性	使用者要能舒适的戴用手套，而且不影响正常的工作
5	储存	过度地暴露于光、热及空气中的氧气与臭氧中，可导致手套提早损坏。手套应储存于原储存袋中，并放置于阴凉处

2）足部防护用具

安全鞋是保护穿用者足部的鞋具。安全鞋前端有钢头，可保护脚趾；安全鞋还可避免因摩擦发生的火花、突出铁钉穿刺、触电、湿地、高热地板及其他危险等，图 D–7 所示为安全鞋的结构。

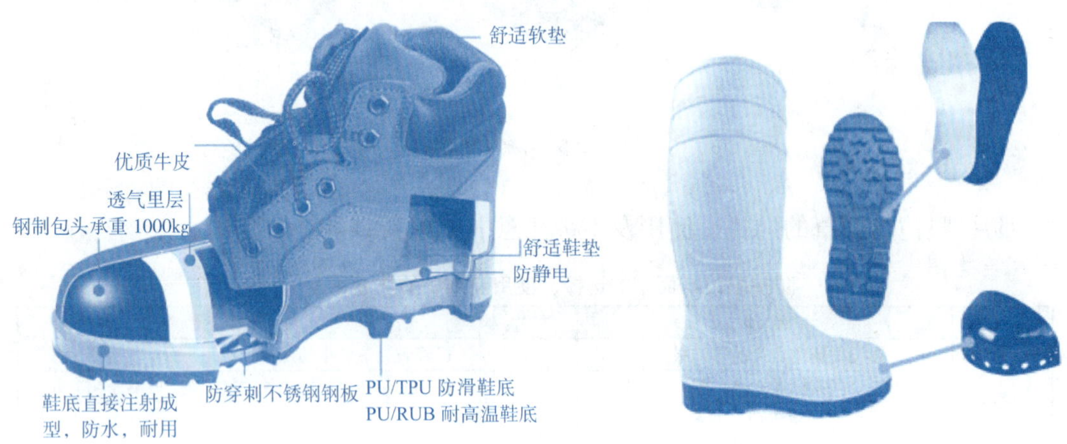

图 D-7　安全鞋的结构

安全鞋的选用、使用及维护注意事项见表 D–6。

安全鞋的选用、使用及维护注意事项　　表 D-6

序　号	注 意 事 项
1	安全鞋的选用应符合 GB 21148—2007
2	鞋的尺码与脚吻合，不大也不小；脚趾在鞋中能自由活动；鞋的腰窝支撑牢固贴合脚弓；鞋的后跟稳固
3	定期清理安全鞋，避免积聚污垢物，特别是绝缘安全鞋，鞋底的导电性或防静电效能会受到鞋底污垢物的影响，甚至危及生命安全
4	定期检验安全鞋钢头及鞋面、鞋底之耐压、压扁、剥离、老化，鞋带拉断等有关保护功能
5	不使用安全鞋时应储存在阴凉、干爽和通风良好的地方

4. 呼吸防护用具

呼吸防护用具是用来防御缺氧环境或空气中有毒有害物质进入人体呼吸道的防护用品，是防止职业危害的最后一道屏障，正确的选择与使用是防止职业病和恶性安全事故的重要保障。

呼吸防护用具主要分为过滤式和隔绝式两大类。过滤式呼吸防护用具是依据过滤吸收的原理，利用过滤材料滤除空气中的有毒、有害物质，将受污染空气转变为清洁空气供人员呼吸的一类呼吸防护用品。表 D–7 所示为防尘口罩、防毒口罩和过滤式防毒面具适用领域和使用场合。

过滤式呼吸防护用具 表 D-7

类型	防护对象	适用领域和场合	实物
防尘口罩	滤除空气中的颗粒状有毒、有害物质，但对于有毒、有害气体和蒸气无防护	医疗卫生、电子工业、食品工业、美容护理、清洁打理等	
防毒口罩	滤除空气中的大颗粒灰尘、气溶胶，同时对有害气体和蒸气也具有一定的过滤作用	化工生产石油加工、橡胶、制革、冶金、焊接切割、卫生消防、实验研究等	
过滤式防毒面具	既能防护大颗粒灰尘、气溶胶，又能防护有毒蒸气和气体。除可以保护部位吸器官（口、鼻）外，同时还可以保护眼睛及面部皮肤	化学工业、石油工业、军事、矿山、仓库、海港、科学研究机构等	

隔绝式呼吸防护用品是依据隔绝的原理，使人员呼吸器官、眼睛和面部与外界受污染空气隔绝，依靠自身携带的气源或靠导气管引入受污染环境以外的洁净空气为气源供气，保障人员正常呼吸的防护用品，也称为隔绝式防毒面具，如图 D-8 所示。隔绝式防毒面具是在严重污染、毒气类型不明确或缺氧等恶劣环境下工作时常用的呼吸防护设备。

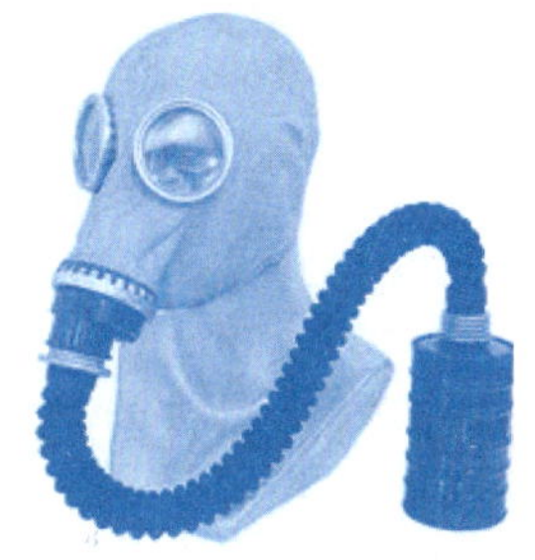

图 D-8 隔绝式防毒面具

呼吸防护用具的选用、使用及维护注意事项见表 D-8。

呼吸防护用具的选用、使用及维护注意事项 表 D-8

序号	注意事项
1	选择呼吸防护用具时应是国家认可的、符合标准要求的产品
2	根据作业环境中的污染与危害形态，选择适当的呼吸护具面体与滤材等级，滤材必须按规定时间内更换
3	使用前应检查呼吸防护用品的完整性、使用性和气密性，符合有关规定才允许使用；必要时检查电池电压、气瓶气压等
4	一般过滤式或吸附式的呼吸防护具，不得使用于含氧量小于 18 %的环境中，否则会导致缺氧
5	对呼吸防护用品的维护要根据使用说明书中的要求，定期检查、维护，并进行清洗和消毒，放入密封袋内储存

5. 耳部防护用具

工厂在生产过程中由于机械振动、摩擦撞击及气流扰动产生的噪声约为 90dB（分贝）。有人曾对在噪声达 95dB 的环境中工作的 202 人进行过调查，头晕的占 39%，失眠的占32%，头痛的占27%，胃痛的占27%，心慌的占27%，记忆力衰退的占27%，心烦的占22%，食欲不佳的占18%，高血压的占12%。

为了避免员工长时间暴露在噪声环境中受到伤害，除了以工程改善方法来降低噪声或减少暴露在噪声下的时间外，重要的是工厂员工要正确配戴防声防护具。

耳塞：为插入外耳道内或置于外耳道口的一种栓，常用材料为塑料和橡胶。耳塞在佩戴时先用干净、干燥的手将耳塞搓细，另一只手将耳朵上部提起，然后将搓细的耳塞塞入耳道，用手扶住耳塞保持30~40s，直到耳塞完全回弹，图D-9所示为耳塞佩戴法。

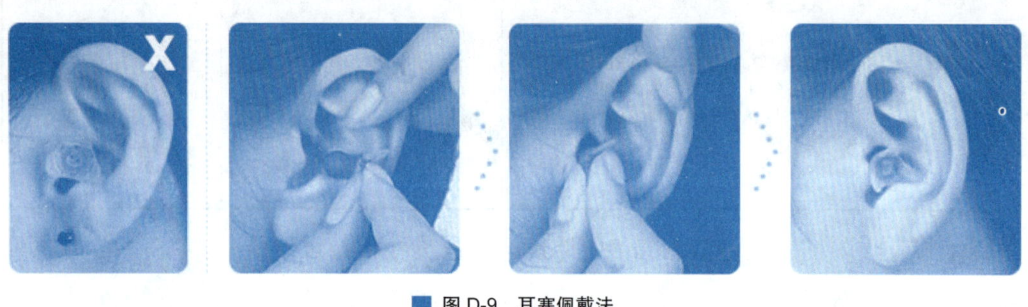

图D-9 耳塞佩戴法

耳罩：常以塑料制成呈矩形杯碗状，内具泡沫或海绵垫层，覆盖于双耳，两杯碗间连以富有弹性的头架适度紧夹于头部，可调节，无明显压痛，舒适，如图D–10所示。

防噪声帽盔：能覆盖大部分头部，以防强烈噪声经骨传导而达内耳，有软式和硬式两种，如图D–11所示。软式质轻，导热系数小，声衰减量为24dB，缺点是不通风。硬式为塑料硬壳，声衰减量可达30~50dB。

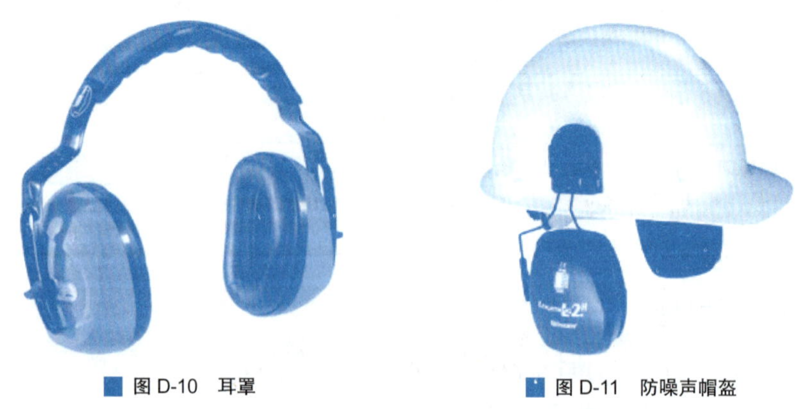

图D-10 耳罩

图D-11 防噪声帽盔

耳部防护用具的选用、使用及维护注意事项见表D–9。

耳部防护用具的选用、使用及维护注意事项　　表 D-9

序　号	注 意 事 项
1	当环境噪声达 85dB 时，应立即配戴噪声防护具
2	使用这些防声器时，应根据噪声的强度和频谱合理选用。对噪声强度是 110dB 的中频噪声，只用耳塞或耳罩即可；对 140dB 的噪声，即使是低频，也宜耳塞和耳罩并用，或带帽盔
3	耳塞、耳罩和防噪声帽盔应正确配带
4	在高温、高湿度环境中，宜使用易吸汗的软垫套的耳罩
5	对耳部防护用品的维护要根据使用说明书中的要求，定期检查、维护

6. 防护安全带

在建筑、电力、电信等行业高处作业中，由于作业空间相对狭小，作业地点高，危险性较大，稍不注意就会发生坠落事故。防护安全带就是高处作业时作业人员佩戴的，防止作业人员发生高处坠落和保护作业人员避免或减少因坠落而造成伤害的个人防护用品。安全带由腰带、安全绳、各种金属配件等组成，如图 D- 12 所示。

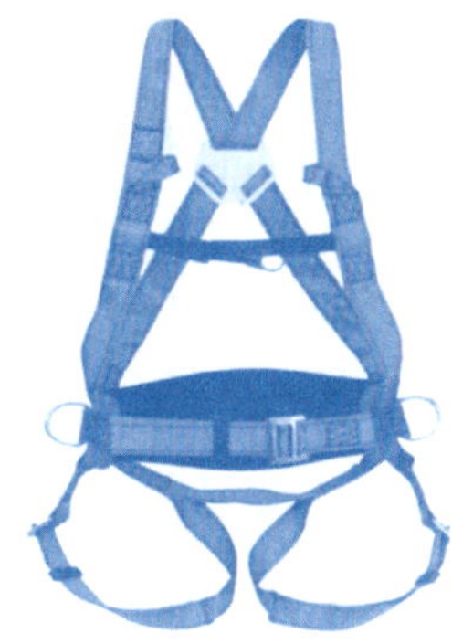

图 D-12　防护安全带

防护安全带的选用、使用及维护注意事项见表 D-10。

防护安全带的选用、使用及维护注意事项　　表 D-10

序号	注 意 事 项
1	应选用符合国家标准（CB 6095—2009）经检验合格的安全带产品
2	不得私自拆换安全带上的各种配件
3	应采取高挂低用，或水平悬挂的使用方式，并防止摆动、碰撞，避开尖锐物质，不能接触明火
4	不能将安全绳打结使用，以免发生冲击时安全绳从打结处断开
5	使用 3m 以上的长绳时，应加缓冲器。必要时，可以联合使用缓冲器、自锁钩、速差式自控器
6	作业时应将安全带的钩、环牢固地挂在系留点上，卡好各个卡子并关好保险装置，以防脱落
7	在低温环境中使用安全带，要注意防止安全绳变硬断裂
8	使用频繁的安全绳应经常做外观检查，发现异常时应及时更换新绳，并注意加绳套
9	应将安全带储藏在干燥、通风的仓库内，不要接触高温、明火、强酸、强碱和尖利的硬物，也不能暴晒。搬运时不能用带钩刺的工具，运输过程中要防止日晒雨淋

安全防护用具只是最后的预防方法，要确保工作安全，应优先检讨工作环境、设备和工作流程，防范于未然，排除职灾可能的发生机会。

参考文献

[1] 李世林. 电气设备安全标准手册[M]. 北京：中国标准出版社，2011.

[2] 绿十字安全生产教育培训丛书编写组. 机械与电气安全知识[M]. 北京：中国劳动社会保障出版社，2008.

[3] 袁化临. 机械安全工程[M]. 北京：中国劳动社会保障出版社，2008.

[4] 钮英建. 电气安全工程[M]. 北京：中国劳动社会保障出版社，2009.

[5] 李邦协. 电气设备的安全[M]. 北京：中国标准出版社，2011.

[6] 王卫东，邵辉. 危险化学品安全生产管理与监督实务[M]. 北京：中国石化出版社，2011.

[7] 崔政斌，崔佳，孔垂玺. 危险化学品安全技术[M]. 北京：化学工业出版社，2010.

[8] 朱建军. 化工安全与环保[M]. 北京：北京大学出版社，2011.

[9] 沈斐敏. 物流安全[M]. 北京：机械工业出版社，2011.

[10] 蒋军成，王志荣. 工业特种设备安全[M]. 北京：机械工业出版社，2009.

[11] 崔政斌，吴进成. 锅炉安全技术[M]. 北京：化学工业出版社，2009.

[12] 朱德文，刘剑. 电梯安全技术[M]. 北京：中国电力出版社，2007.

[13] 王秀民. 起重机械安全技术培训实用教程[M]. 北京：中国石化出版社，2008.

[14] 郑德全. 汽车总装工艺[M]. 北京：机械工业出版社，2012.

[15] 赵计平. 汽车维修职场健康与安全[M]. 重庆：重庆大学出版社，2011.

[16] 李永力. 汽车美容装饰培训教程[M]. 北京：化学工业出版社，2008.

[17] 钱岳明. 汽车装潢与美容技术[M]. 北京：人民交通出版社出版，2008.

[18] 齐建民. 汽车维修企业管理[M]. 北京：人民交通出版社，2012.

[19] 陈重铭，王国男 . 工业安全与卫生[M]. 台湾：全华图书股份有限公司，2012.